中华人民共和国水利部

水利水电设备安装工程预算定额

黄河水利出版社

图书在版编目(CIP)数据

水利水电设备安装工程预算定额/水利部水利建设经济定额站主编.—郑州:黄河水利出版社,2002.6

中华人民共和国水利部批准发布

ISBN 7-80621-566-2

Ⅰ.水… Ⅱ.水… Ⅲ.水利工程-设备安装-经济定额-中国 Ⅳ.TV512

中国版本图书馆CIP数据核字(2002)第030889号

出 版 社:黄河水利出版社

地址:河南省郑州市金水路11号　　邮政编码:450003

发行单位:黄河水利出版社

发行部电话及传真:0371-6022620

E-mail:yrcp@public2.zz.ha.cn

承印单位:河南承创印务有限公司

开本:850毫米×1 168毫米　1/32

印张:12

字数:298千字　　印数:1—20 000

版次:2002年6月第1版　　印次:2002年6月第1次印刷

书号:ISBN 7-80621-566-2/TV·273　　定价:50.00元

水 利 部 文 件

水建管〔1999〕523号

关于发布《水利水电设备安装工程预算定额》和《水利水电设备安装工程概算定额》的通知

部各直属设计院，各流域机构，各省、自治区、直辖市水利（水电）厅（局），各计划单列市水利（水电）局，中国水电工程总公司，武警水电指挥部，新疆生产建设兵团水利局：

为适应社会主义市场经济体制，合理确定和有效控制工程造价，根据《水利工程造价管理规划》的安排，由水利部水利建设经济定额站完成了《水利水电设备安装工程预算定额》和《水利水电设备安装工程概算定额》的编制工作，经审查批准，现予以发布。

本定额自2000年1月1日起试行。1986年水利电力部颁发的《水利水电设备安装工程预算定额》和《水利水电设备安装工程概算定额》同时废止。

执行过程中如有问题,请及时函告部建设与管理司,由其负责解释。

中华人民共和国水利部

一九九九年九月二十一日

主题词:工程　安装　定额　通知

抄送:国家发展计划委员会,建设部。

水利部办公厅　　　　　　　　1999年10月8日印发

主编单位　水利部水利建设经济定额站

协编单位　北京峡光经济技术咨询有限责任公司

总　　编　王开祥　李治平

主　　编　沈辅邦　王增光　俞镛达
竺国祥　李荣春　韩增芬
宋崇丽　黄士芩　刘满敬

参　　编　吴荣民　胡建平　缪成勋
郑悦峰　丁河清　刘六宴

目　　录

总　说　明

一、《水利水电设备安装工程预算定额》包括水轮机安装、调速系统安装、水轮发电机安装、大型水泵安装、进水阀安装、水力机械辅助设备安装、电气设备安装、变电站设备安装、通信设备安装、电气调整、起重设备安装、闸门安装、压力钢管制作及安装、设备工地运输共十四章以及附录。

二、本定额适用于新建、扩建的大中型水利设备安装工程,是编制设备安装工程预算的依据,也是编制设备安装工程概算定额的基础。对实行招标承包制的工程,可作为编制标底的参考定额。

三、本定额根据国家和有关部门颁发的定额标准、施工技术规程、验收规范等进行编制。

四、本定额适用于下列主要施工条件

1.设备、附件、构件、材料符合质量标准及设计要求。

2.设备安装条件符合施工组织设计要求。

3.按每天三班制和每班八小时工作制进行施工。

五、本定额中人工、材料、机械台时等均以实物量表示。

六、本定额中材料及机械仅列出主要材料和主要机械的品种、型号、规格及数量,次要材料和一般小型机械及机具已分别按占主要材料费和主要机械费的百分率计入"其他材料费"和"其他机械费"中。使用时如有品种、型号、规格不同时,不分主次均不作调整。

七、本定额未计价材料(如管路、电缆、母线、金具等)的用量,应根据施工图设计量并计入规定的操作损耗量计算。

八、本定额中的人工和机械定额包括基本工作、辅助工作、准备与结束、不可避免的中断、必要的休息、工程检查、交接班、班内工作干扰、夜间施工工效影响、常用工具的小修保养、加水加油等全部操作时间在内。

九、本定额除各章说明外,还包括以下工作内容和费用

1.设备安装前后的开箱、检查、清扫、滤油、注油、刷漆和喷漆工作。

2.安装现场内的设备运输。

3.设备的单体试运转、管和罐的水压试验、焊接及安装的质量检查。

4.随设备成套供应的管路及部件的安装。

5.现场施工临时设施的搭拆及其材料、专用特殊工器具的摊销。

6.施工准备及完工后的现场清理工作。

7.竣工验收移交生产前对设备的维护、检修和调整。

十、本定额不包括的工作内容和费用

1.由厂家随设备供应的材料,如水轮发电机定子线圈用的绝缘材料、绑线、焊锡等。

2.属于厂家供应的设备部件,如设备连接螺栓、地脚螺栓、基础铁件等。

3.设备体腔内的定量填充物,如变压器油、透平油、六氟化硫气体等。

4.鉴定设备制造质量的工作。

5.设备基础的开挖、浇筑、回填、灌浆、抹灰工作。

6.设备、构件的喷锌、镀锌、镀铬及要求特殊处理工作;由于消防工作的需要,电缆敷设完成后,需在电缆表面涂刷防火材料的费用。

7.材料的质量复检工作。

8.按施工组织设计设置在各安装场地的总电源开关及以上线路的敷设维护工作。

9.大型临时设施费用。

10.施工照明。

11.属厂家责任的设备缺陷处理或缺件所需费用。

12.机组和电力系统联合试运转期间所发生的费用。

13.由于设备运输条件的限制及其他原因需在现场从事属于制造厂内的组装工作。如水轮机分瓣转轮组焊、定子矽钢片现场叠装、定子线圈现场整体下线及铁损试验工作等。

十一、使用本定额时,对不同的地区、施工企业、机械化程度和施工方法等差异因素,除本定额有规定者外,均不作调整。

十二、按设备重量划分子目的定额,当所求设备的重量介于同型号设备的子目之间时,可按插入法计算安装费。

$$A=\frac{(C-B)(a-b)}{(c-b)}+B$$

式中 A——所求设备的安装费;

a——A 项设备的重量;

B——较所求设备小而最接近的设备安装费;

b——B 项设备的重量;

C——较所求设备大而最接近的设备安装费;

c——C 项设备的重量。

十三、本定额适用于海拔 2000m 以下地区的建设项目,海拔 2000m 以上地区,其人工和机械定额乘表 0-1 调整系数。

表 0-1 **海拔高程系数表**

项目	海拔高程(m)					
	2000~2500	2500~3000	3000~3500	3500~4000	4000~4500	4500~5000
人工	1.10	1.15	1.20	1.25	1.30	1.35
机械	1.25	1.35	1.45	1.55	1.65	1.75

注:调整系数应以水利工程的拦河坝或水闸顶海拔高程为准,没有拦河坝或水闸工程的以厂房顶部海拔高程为准。一个建设项目只采用一个调整系数。

十四、本定额的数字适用范围,用以下方式表示:

1.只用一个数字表示的,仅适用于该数字的本身。

2.数字后面用"以上"、"以外"表示的,均不包括数字本身,用"以下"、"以内"表示的,均包括数字本身。

3.数字用上下限(如2000~2500)表示的,相当于自2000以上至2500以下止。

十五、计算装置性材料预算用量时,应按表0-2所列操作损耗率计入操作损耗量。

表0-2　　装置性材料操作损耗率表

序号	材料名称	损耗率(%)
1	钢板(齐边)	
	1)压力钢管直管	5
	2)压力钢管弯管、叉管、渐变管	15
	3)各种闸门及埋件	13
	4)容器	10
2	钢板(毛边)　压力钢管、容器等	17
3	型钢	5
4	管材及管件　机组管路、系统管路及其他管路	3
5	电力电缆	1
6	控制电缆、高频电缆	1.5
7	绝缘导线	1.8
8	硬母线(包括铜、铝、钢质的带形、管形及槽形母线)	2.3
9	裸软导线(包括铜、铝、钢及钢芯铝绞线)	1.3
10	压接式线夹、螺栓、垫圈、铝端头、护线条及紧固件	2
11	金具	1
12	绝缘子	2
13	塑料制品(包括塑料槽板、塑料管、塑料板等)	5

注:1.裸软导线的损耗率中包括了因弧垂及因杆位高低差而增加的长度;但变电站中的母线、引下线、跳线、设备连接线等因弯曲而增加的长度,均不应以弧垂看待,应计入基本长度中。

2.电力电缆及控制电缆的损耗率中未包括预留、备用段长度,敷设时因各种弯曲而增加的长度,以及为连接电气设备而预留的长度。这些长度均应计入设计长度。

十六、本定额缺项者可参考套用《全国统一安装工程预算定额》及其他相关专业预算定额的相应项目。

十七、使用电站主厂房桥式起重机进行安装工作时，桥式起重机台时费中不计基本折旧费和安装拆卸费。

十八、定额中零星材料费，以人工费、机械费之和为计算基数。

第一章

水 轮 机 安 装

说　　明

一、本章包括竖轴混流式、轴流式、冲击式、横轴混流式、贯流式(灯泡式)水轮机和水轮机/水泵安装共六节。

二、本章以“台”为计量单位,按设备自重选用子目。

三、本章按厂房内用桥式起重机进行施工,若采用其他办法施工时,人工定额乘1.2系数;本章内未注明桥式起重机规格的,可按电站实际选用规格计算台时单价。

四、本章不包括埋设部分所用的千斤顶、拉紧器以及其他辅助埋件的本身价值,均属设备的一部分。

五、本章不包括吸出管锥体以下金属护壁及闷头安装,如有金属护壁及闷头的安装时,可套用压力钢管安装定额。

六、本章对700t以上机组的吸出管分片数量,按二节八片编制,超过部分可套用压力钢管安装定额增列安装费。

七、竖轴混流式水轮机安装

工作内容:

1.埋设部分,包括吸出管、座环(含基础环)、蜗壳、护壁及其他埋设件的安装。

2.本体部分,包括底环、迷宫环、顶盖、导水叶及辅助设备、接力器、调速环、主轴、转轮、导轴承、水车室辅助设备、随机到货的管路和器具等安装以及与发电机联轴调整。

3.本节不包括分瓣转轮、座环的现场组焊工作。

八、轴流式水轮机安装

1.工作内容:

(1)埋设部分,包括辅助埋件、吸出管、转轮室、基础环、固定导叶、座环、护壁、蜗壳上下钢衬板及其他埋件安装。

(2)本体部分,包括转轮安装平台及托架、转轮、底环、导水叶及其辅助设备、顶盖(含顶环)、接力器、调速环、主轴、导轴承、水车室辅助设备、随机到货的管路和器具等安装以及与发电机联轴调整。

2.本节埋设部分均按混凝土蜗壳拟定,如采用钢板焊接蜗壳时,埋设部分安装定额乘以2.0系数(埋设部分安装费占整个安装费的57%),如采用部分衬板时,可再乘以衬板面积与蜗壳面积之比。

3.本节按转桨式水轮机拟定,调桨式、定桨式水轮机套用本节同吨位定额子目时,本体部分乘以0.9系数(本体部分安装费占整个安装费的43%),埋设部分不变。

九、冲击式水轮机安装

1.工作内容,包括垫板、螺栓和埋件、机座及固定部分、上下弯管及针阀、转轮及转动部分、随机到货的管路和附件等安装以及与发电机联轴调整。

2.本节适用于双轮或单轮冲击式水轮机安装。

十、横轴混流式水轮机安装

1.工作内容,包括垫板、螺栓和埋件、机座及固定部分、转轮、飞轮及转动部分、随机到货的管路和附件等安装以及与发电机联轴调整。

2.本节按整体蜗壳拟定,安装费内只包括进口端一对法兰的安装,蜗壳与蝴蝶阀间的联接端应另套用压力钢管安装定额。

十一、贯流式(灯泡式)水轮机安装

1.工作内容:

(1)埋设部分,包括辅机埋件、吸出管、管形座、排水管路及其他埋件安装。

(2)本体部分,包括压力侧和吸出侧导水部分、导水机构、接力器、调速环、主轴、转轮、导轴承、轴承供油及其辅助设备、随机到货的管路和器具等安装以及与发电机联轴调整。

2.本节按双调节式水轮机拟定。

十二、水轮机/水泵安装

1.本节适用于抽水蓄能电站的可逆式水轮机安装。

2.工作内容同竖轴混流式水轮机安装。

一-1 竖轴混流式水轮机

单位:台

项目	单位	设备自重(t)			
		10	20	30	50
工长	工时	116	203	277	435
高级工	工时	558	975	1327	2086
中级工	工时	1326	2315	3152	4953
初级工	工时	326	568	774	1216
合计	工时	2326	4061	5530	8690
钢板	kg	136	207	284	480
型钢	kg	470	778	1061	1804
钢管	kg	42	65	86	152
铜材	kg	4	6	10	17
电焊条	kg	84	138	188	320
油漆	kg	32	52	72	120
破布	kg	21	35	47	80
汽油 70#	kg	42	70	94	160
透平油	kg	6	10	14	18
氧气	m^3	108	178	244	414
乙炔气	m^3	47	78	106	180
木材	m^3	0.3	0.4	0.5	0.8
砂布	张	10	16	22	36
滤油纸 300×300	张	30	40	50	70
电	kWh	1160	1850	2480	4130
其他材料费	%	16	16	16	16
桥式起重机	台时	23	37	51	66
电焊机 20~30kVA	台时	51	87	128	256
车床 Φ400~600	台时	10	16	20	30
刨床 B650	台时	10	16	20	26
摇臂钻床 Φ50	台时	5	16	20	30
压力滤油机 150型	台时	5	10	10	16
其他机械费	%	10	10	10	10
定额编号		01001	01002	01003	01004

续表

项目	单位	设备自重(t)			
		70	90	110	130
工长	工时	618	799	976	1151
高级工	工时	2969	3835	4686	5526
中级工	工时	7051	9109	11130	13125
初级工	工时	1732	2237	2734	3224
合计	工时	12370	15980	19526	23026
钢板	kg	695	895	1096	1296
型钢	kg	2605	3357	4108	4860
钢管	kg	225	284	345	408
铜材	kg	22	29	33	39
电焊条	kg	464	598	731	866
油漆	kg	173	223	273	323
破布	kg	115	149	182	215
汽油 70#	kg	231	297	364	431
透平油	kg	22	26	30	34
氧气	m^3	598	770	942	1116
乙炔气	m^3	259	333	408	483
木材	m^3	1	1.2	1.6	1.9
砂布	张	56	68	82	98
滤油纸 300×300	张	100	130	160	190
电	kWh	5820	7500	9170	10850
其他材料费	%	16	16	16	18
桥式起重机	台时	89	117	140	168
电焊机 20~30kVA	台时	358	462	564	668
车床 Φ400~600	台时	46	56	72	87
刨床 B650	台时	36	46	56	72
摇臂钻床 Φ50	台时	46	66	82	98
压力滤油机 150型	台时	26	36	40	51
其他机械费	%	10	10	10	14
定额编号		01005	01006	01007	01008

续表

项目	单位	设备自重（t）			
		150	170	190	210
工长	工时	1277	1400	1520	1639
高级工	工时	6129	6719	7299	7866
中级工	工时	14557	15956	17336	18681
初级工	工时	3575	3919	4258	4588
合计	工时	25538	27994	30413	32774
钢板	kg	1482	1636	1778	1928
型钢	kg	5560	6134	6666	7228
钢管	kg	468	516	562	608
铜材	kg	44	48	52	56
电焊条	kg	990	1094	1188	1288
油漆	kg	370	408	444	480
破布	kg	246	272	295	320
汽油 70#	kg	492	544	590	640
透平油	kg	38	42	46	50
氧气	m^3	1276	1408	1530	1658
乙炔气	m^3	552	608	662	718
木材	m^3	2.2	2.5	2.7	2.9
砂布	张	110	125	140	155
滤油纸 300×300	张	220	250	280	310
电	kWh	12410	13700	14880	16140
其他材料费	%	18	18	18	18
桥式起重机	台时	192	220	253	281
电焊机 20~30kVA	台时	770	872	976	1078
车床 Φ400~600	台时	102	118	134	149
刨床 B650	台时	82	92	108	118
摇臂钻床 Φ50	台时	123	128	149	165
压力滤油机 150型	台时	61	72	77	87
其他机械费	%	14	14	14	14
定额编号		01009	01010	01011	01012

续表

项目	单位	设备自重（t）			
		230	250	280	310
工长	工时	1754	1867	1927	2005
高级工	工时	8419	8963	9250	9622
中级工	工时	19994	21287	21969	22851
初级工	工时	4911	5229	5396	5612
合计	工时	35078	37346	38542	40090
钢板	kg	2071	2251	2339	2428
型钢	kg	7765	8442	8774	9105
钢管	kg	654	711	739	767
铜材	kg	60	65	72	80
电焊条	kg	1384	1505	1563	1622
油漆	kg	516	561	584	606
破布	kg	344	374	389	404
汽油 70#	kg	688	748	778	808
透平油	kg	54	60	66	72
氧气	m^3	1782	1937	2014	2091
乙炔气	m^3	771	838	870	903
木材	m^3	3.1	3.4	3.8	4.2
砂布	张	170	185	205	225
滤油纸 300×300	张	340	370	400	430
电	kWh	17336	18848	19590	20332
其他材料费	%	18	18	18	18
桥式起重机	台时	309	338	365	393
电焊机 20~30kVA	台时	1181	1283	1335	1386
车床 Φ400~600	台时	165	179	195	206
刨床 B650	台时	128	144	154	165
摇臂钻床 Φ50	台时	179	195	210	231
压力滤油机 150 型	台时	98	108	118	123
其他机械费	%	14	14	14	14
定额编号		01013	01014	01015	01016

续表

项目	单位	设备自重(t)			
		350	400	450	500
工长	工时	2101	2216	2443	2681
高级工	工时	10086	10635	11728	12868
中级工	工时	23955	25258	27854	30562
初级工	工时	5884	6203	6841	7507
合计	工时	42026	44312	48866	53618
钢板	kg	2545	2692	2839	2986
型钢	kg	9547	10100	10653	11205
钢管	kg	804	851	897	943
铜材	kg	90	105	130	145
电焊条	kg	1701	1800	1898	1997
油漆	kg	636	674	711	748
破布	kg	424	449	474	499
汽油 70#	kg	848	898	948	998
透平油	kg	80	88	96	104
氧气	m^3	2192	2319	2447	2574
乙炔气	m^3	947	1002	1056	1111
木材	m^3	4.6	5	5.5	6
砂布	张	250	280	310	340
滤油纸 300×300	张	460	490	520	550
电	kWh	21321	22557	23793	25029
其他材料费	%	18	20	20	20
桥式起重机	台时	432	487	535	581
电焊机 20~30kVA	台时	1458	1540	1622	1709
车床 Φ400~600	台时	226	251	277	298
刨床 B650	台时	179	200	220	241
摇臂钻床 Φ50	台时	251	277	303	328
压力滤油机 150型	台时	134	149	165	179
其他机械费	%	14	20	20	20
定额编号		01017	01018	01019	01020

续表

项目	单位	设备自重(t)			
		550	600	700	800
工长	工时	2923	3176	3648	3888
高级工	工时	14031	15244	17508	18662
中级工	工时	33324	36205	41581	44323
初级工	工时	8186	8893	10213	10887
合计	工时	58464	63518	72950	77760
钢板	kg	3133	3280	3484	3688
型钢	kg	11758	12311	13076	13841
钢管	kg	990	1036	1101	1165
铜材	kg	160	175	205	235
电焊条	kg	2096	2195	2331	2468
油漆	kg	786	824	873	926
破布	kg	524	549	582	617
汽油 70#	kg	1048	1098	1164	1234
透平油	kg	112	122	132	142
氧气	m^3	2701	2828	3004	3180
乙炔气	m^3	1166	1220	1296	1371
木材	m^3	6.5	7	7.5	8
砂布	张	370	400	450	500
滤油纸 300×300	张	580	610	640	670
电	kWh	26265	27501	29213	30925
其他材料费	%	20	20	20	20
桥式起重机	台时	628	675	722	769
电焊机 20~30kVA	台时	1791	1879	1997	2110
车床 Φ400~600	台时	324	349	369	395
刨床 B650	台时	257	277	298	313
摇臂钻床 Φ50	台时	354	385	405	432
压力滤油机 150型	台时	195	210	220	236
其他机械费	%	20	20	20	20
定额编号		01021	01022	01023	01024

续表

项　　目	单位	设备自重（t）		
		900	1000	1200
工　　长	工时	4363	4868	5879
高 级 工	工时	20943	23369	28221
中 级 工	工时	49741	55500	67025
初 级 工	工时	12217	13632	16462
合　　计	工时	87264	97369	117587
钢　　板	kg	4051	4414	5140
型　　钢	kg	15201	16560	19280
钢　　管	kg	1279	1394	1622
铜　　材	kg	265	295	355
电 焊 条	kg	2709	2951	3434
油　　漆	kg	1017	1108	1292
破　　布	kg	678	739	861
汽　　油 70#	kg	1356	1478	1722
透 平 油	kg	152	162	182
氧　　气	m^3	3493	3806	4432
乙 炔 气	m^3	1506	1640	1910
木　　材	m^3	8.5	9	10
砂　　布	张	550	600	680
滤 油 纸 300×300	张	700	730	780
电	kWh	33968	37011	43097
其他材料费	%	20	20	20
桥式起重机	台时	853	947	1116
电 焊 机 20～30kVA	台时	2320	2526	2936
车　　床 Φ400～600	台时	436	483	570
刨　　床 B650	台时	349	385	462
摇臂钻床 Φ50	台时	483	529	626
压力滤油机 150 型	台时	262	287	349
其他机械费	%	20	20	20
定额编号		01025	01026	01027

续表

项目	单位	设备自重（t）			
		1400	1600	1800	2000
工长	工时	6820	7911	9177	10645
高级工	工时	32736	37974	44050	51097
中级工	工时	77748	90188	104618	121356
初级工	工时	19096	22152	25695	29808
合计	工时	136400	158225	183540	212906
钢板	kg	5962	6916	8023	9306
型钢	kg	22364	25943	30094	34909
钢管	kg	1882	2182	2532	2937
铜材	kg	412	477	554	643
电焊条	kg	3983	4620	5360	6218
油漆	kg	1498	1738	2016	2338
破布	kg	998	1159	1344	1559
汽油 70#	kg	1997	2317	2688	3118
透平油	kg	211	245	284	330
氧气	m^3	5141	5964	6918	8025
乙炔气	m^3	2216	2570	2981	3458
木材	m^3	12	14	16	18
砂布	张	760	840	910	980
滤油纸 300×300	张	860	940	1040	1140
电	kWh	49992	57991	67270	78033
其他材料费	%	20	20	20	20
桥式起重机	台时	1295	1502	1742	2020
电焊机 20～30kVA	台时	3406	3950	4583	5316
车床 Φ400～600	台时	661	767	890	1032
刨床 B650	台时	536	622	721	837
摇臂钻床 Φ50	台时	726	842	977	1133
压力滤油机 150 型	台时	405	470	545	632
其他机械费	%	20	20	20	20
定额编号		01028	01029	01030	01031

一-2 轴流式水轮机

单位:台

项目	单位	设备自重(t)			
		5	10	20	40
工长	工时	102	128	184	295
高级工	工时	491	617	885	1417
中级工	工时	1166	1465	2101	3365
初级工	工时	286	360	516	827
合计	工时	2045	2570	3686	5904
钢板	kg	138	173	244	386
型钢	kg	450	560	900	1711
钢管	kg	40	50	70	110
铜材	kg	4	5	7	10
电焊条	kg	57	72	100	157
油漆	kg	32	41	58	91
破布	kg	29	36	51	81
汽油 70#	kg	57	72	102	161
透平油	kg	17	21	30	47
氧气	m^3	110	138	194	331
乙炔气	m^3	47	58	82	142
木材	m^3	0.2	0.3	0.4	0.7
砂布	张	8	12	20	28
滤油纸 300×300	张	20	40	60	80
电	kWh	710	988	1392	2198
其他材料费	%	10	10	10	10
桥式起重机	台时	19	28	37	46
电焊机 20~30kVA	台时	41	61	92	102
车床 Φ400~600	台时	10	10	20	26
刨床 B650	台时	10	10	20	26
摇臂钻床 Φ50	台时	5	5	10	10
压力滤油机 150型	台时	10	10	16	16
其他机械费	%	20	20	20	20
定额编号		01032	01033	01034	01035

续表

项目	单位	设备自重(t)			
		60	80	100	120
工长	工时	423	581	724	891
高级工	工时	2029	2791	3475	4275
中级工	工时	4818	6628	8253	10153
初级工	工时	1183	1628	2027	2494
合计	工时	8453	11628	14479	17813
钢板	kg	527	669	811	992
型钢	kg	2340	2900	3600	4388
钢管	kg	150	192	232	272
铜材	kg	18	24	28	32
电焊条	kg	215	273	330	400
油漆	kg	124	157	190	235
破布	kg	110	140	169	198
汽油 70#	kg	220	279	338	396
透平油	kg	65	82	100	117
氧气	m^3	452	572	694	824
乙炔气	m^3	193	246	300	356
木材	m^3	0.9	1.2	1.4	1.7
砂布	张	40	60	80	100
滤油纸 300×300	张	110	140	170	200
电	kWh	3004	3810	4616	5422
其他材料费	%	10	20	20	20
桥式起重机	台时	61	89	94	108
电焊机 20~30kVA	台时	165	216	267	318
车床 Φ400~600	台时	36	41	51	61
刨床 B650	台时	36	41	51	61
摇臂钻床 Φ50	台时	16	20	26	31
压力滤油机 150型	台时	20	26	31	36
其他机械费	%	20	20	20	15
定额编号		01036	01037	01038	01039

续表

项　　目	单位	设　备　自　重　(t)			
		140	160	180	200
工　　长	工时	966	1093	1217	1334
高 级 工	工时	4636	5248	5842	6406
中 级 工	工时	11011	12464	13876	15213
初 级 工	工时	2705	3061	3408	3737
合　　计	工时	19318	21866	24343	26690
钢　　板	kg	1094	1236	1377	1519
型　　钢	kg	4710	5200	5504	6070
钢　　管	kg	314	354	394	434
铜　　材	kg	36	42	48	52
电 焊 条	kg	445	502	559	618
油　　漆	kg	256	288	322	355
破　　布	kg	228	257	287	316
汽　　油 70#	kg	455	514	573	632
透 平 油	kg	135	152	170	187
氧　　气	m^3	898	994	1059	1169
乙 炔 气	m^3	388	428	457	504
木　　材	m^3	1.9	2.2	2.4	2.6
砂　　布	张	130	160	190	220
滤 油 纸 300×300	张	230	260	290	320
电	kWh	6228	7035	7840	8646
其他材料费	%	20	10	10	10
桥式起重机	台时	117	131	159	197
电 焊 机 20～30kVA	台时	359	411	462	513
车　　床 Φ400～600	台时	67	82	92	102
刨　　床 B650	台时	67	82	92	102
摇臂钻床 Φ50	台时	36	41	47	51
压力滤油机 150 型	台时	41	47	57	61
其他机械费	%	15	15	15	15
定额编号		01040	01041	01042	01043

续表

项目	单位	设备自重(t)				
		250	300	350	400	500
工长	工时	1638	2152	2352	2419	2919
高级工	工时	7861	10326	11291	11612	13530
中级工	工时	18669	24525	26816	27579	32134
初级工	工时	4585	6024	6586	6774	7893
合计	工时	32753	43027	47045	48384	56476
钢板	kg	1873	2227	2420	2612	2997
型钢	kg	6736	8011	8374	8795	9529
钢管	kg	536	636	692	746	856
铜材	kg	66	78	88	102	140
电焊条	kg	761	905	983	1061	1217
油漆	kg	438	520	566	610	700
破布	kg	390	463	503	540	623
汽油 70#	kg	779	926	1006	1086	1246
透平油	kg	231	274	298	322	370
氧气	m^3	1296	1543	1675	1808	2075
乙炔气	m^3	659	665	725	780	896
木材	m^3	3.3	3.9	4.2	4.6	5.2
砂布	张	260	300	340	380	430
滤油纸 300×300	张	360	400	450	500	560
电	kWh	10662	12678	13774	14868	17059
其他材料费	%	10	10	10	10	10
桥式起重机	台时	272	347	393	436	501
电焊机 20~30kVA	台时	616	770	821	909	1043
车床 Φ400~600	台时	123	149	165	179	206
刨床 B650	台时	123	149	165	179	206
摇臂钻床 Φ50	台时	67	77	82	92	108
压力滤油机 150型	台时	72	87	98	108	123
其他机械费	%	15	15	15	15	15
定额编号		01044	01045	01046	01047	01048

续表

项目	单位	设备自重(t)				
		600	700	800	900	1000
工长	工时	3172	3472	3646	4004	4532
高级工	工时	15224	16665	17499	19215	21754
中级工	工时	36156	39579	41561	45636	51665
初级工	工时	8880	9721	10208	11209	12690
合计	工时	63432	69437	72914	80064	90641
钢板	kg	3382	3821	4260	4699	5230
型钢	kg	10753	12150	13545	14938	15651
钢管	kg	966	1092	1216	1342	1494
铜材	kg	170	200	230	260	290
电焊条	kg	1373	1551	1729	1906	2122
油漆	kg	790	894	996	1100	1244
破布	kg	703	794	886	977	1087
汽油 70#	kg	1406	1588	1771	1953	2174
透平油	kg	417	471	525	580	646
氧气	m^3	2340	2644	2947	3250	3618
乙炔气	m^3	1010	1140	1273	1404	1562
木材	m^3	5.8	7.8	9	10	12
砂布	张	480	530	580	630	680
滤油纸 300×300	张	620	680	740	800	860
电	kWh	19250	21748	24244	26742	29765
其他材料费	%	12	12	12	12	12
桥式起重机	台时	535	642	708	802	891
电焊机 20~30kVA	台时	1161	1330	1479	1632	1817
车床 Φ400~600	台时	236	272	308	344	385
刨床 B650	台时	236	272	308	344	385
摇臂钻床 Φ50	台时	118	139	159	175	195
压力滤油机 150型	台时	139	165	185	206	231
其他机械费	%	15	15	10	10	10
定额编号		01049	01050	01051	01052	01053

续表

项目	单位	设备自重(t)				
		1200	1400	1600	1800	2000
工长	工时	5368	6139	6966	7612	8420
高级工	工时	25764	29466	33435	36539	40415
中级工	工时	61191	69981	79408	86779	95985
初级工	工时	15029	17188	19504	21314	23574
合计	工时	107352	122774	139313	152244	168394
钢板	kg	6293	7355	8418	9480	10544
型钢	kg	18831	22010	25189	28368	30685
钢管	kg	1798	2100	2404	2708	3010
铜材	kg	350	410	470	530	590
电焊条	kg	2552	2982	3413	3843	4274
油漆	kg	1472	1720	1970	2218	2466
破布	kg	1308	1529	1750	1970	2192
汽油 70#	kg	2615	3057	3499	3940	4382
透平油	kg	777	908	1039	1170	1300
氧气	m^3	4354	5090	5825	6561	7294
乙炔气	m^3	1880	2200	2517	2835	3154
木材	m^3	14	16	18	21	23
砂布	张	740	800	860	920	980
滤油纸 300×300	张	920	980	1040	1100	1160
电	kWh	35812	41858	47904	53951	59998
其他材料费	%	12	12	12	12	12
桥式起重机	台时	1069	1120	1331	1500	1687
电焊机 20~30kVA	台时	2115	2465	2875	3235	3594
车床 Φ400~600	台时	462	534	611	688	760
刨床 B650	台时	462	534	611	688	760
摇臂钻床 Φ50	台时	236	277	313	354	391
压力滤油机 150型	台时	277	318	365	411	452
其他机械费	%	10	10	10	10	10
定额编号		01054	01055	01056	01057	01058

一－3 冲击式水轮机

单位:台

项目	单位	设备自重(t)				
		3	5	10	15	20
工长	工时	65	81	116	151	187
高级工	工时	311	387	556	726	895
中级工	工时	739	919	1321	1724	2126
初级工	工时	181	226	325	423	522
合计	工时	1296	1613	2318	3024	3730
钢板	kg	100	120	178	227	276
型钢	kg	180	220	321	409	512
铜材	kg	4	4	6	10	14
电焊条	kg	39	45	70	89	114
油漆	kg	14	17	26	33	45
破布	kg	10	13	18	23	30
汽油 70#	kg	20	26	36	46	66
透平油	kg	4	5	7	9	11
氧气	m^3	60	66	83	93	110
乙炔气	m^3	27	29	37	42	50
木材	m^3	0.1	0.1	0.2	0.3	0.4
电	kWh	380	460	675	860	1045
其他材料费	%	18	18	18	18	18
桥式起重机	台时	23	28	37	51	56
电焊机 20～30kVA	台时	31	36	61	77	98
车床 Φ400～600	台时	16	20	26	31	41
刨床 B650	台时	10	16	20	26	36
摇臂钻床 Φ50	台时	6	10	10	16	26
其他机械费	%	14	14	14	16	16
定额编号		01059	01060	01061	01062	01063

续表

项目	单位	设备自重（t）				
		30	40	60	80	100
工长	工时	257	356	556	755	954
高级工	工时	1234	1711	2666	3623	4578
中级工	工时	2930	4063	6333	8606	10871
初级工	工时	720	998	1555	2114	2670
合计	工时	5141	7128	11110	15098	19073
钢板	kg	374	512	789	1066	1343
型钢	kg	718	952	1420	2218	2716
铜材	kg	18	21	25	29	33
电焊条	kg	164	214	314	418	526
油漆	kg	69	93	141	189	237
破布	kg	44	58	86	114	142
汽油 70#	kg	106	146	226	306	386
透平油	kg	15	21	32	43	54
氧气	m^3	144	220	372	500	628
乙炔气	m^3	65	96	167	225	283
木材	m^3	0.5	0.6	0.8	1	1.2
电	kWh	1415	1935	2975	4015	5055
其他材料费	%	18	20	20	20	20
桥式起重机	台时	66	66	94	131	168
电焊机 20~30kVA	台时	149	175	272	369	462
车床 Φ400~600	台时	57	57	98	128	154
刨床 B650	台时	47	47	61	72	82
摇臂钻床 Φ50	台时	31	36	51	67	82
其他机械费	%	16	18	18	18	18
定额编号		01064	01065	01066	01067	01068

续表

项目	单位	设备自重（t）			
		150	200	250	300
工长	工时	1402	1775	2148	2337
高级工	工时	6727	8519	10309	11220
中级工	工时	15977	20233	24484	26648
初级工	工时	3924	4969	6014	6545
合计	工时	28030	35496	42955	46750
钢板	kg	2035	2578	3121	3392
型钢	kg	3961	5018	6075	6604
铜材	kg	41	48	54	60
电焊条	kg	797	1010	1223	1330
油漆	kg	350	460	560	620
破布	kg	212	282	350	410
汽油 70#	kg	536	682	830	940
透平油	kg	82	104	126	138
氧气	m^3	928	1203	1453	1600
乙炔气	m^3	418	541	654	720
木材	m^3	1.7	2.2	2.7	3.2
电	kWh	7655	9699	11743	12765
其他材料费	%	20	20	20	20
桥式起重机	台时	206	258	300	319
电焊机 20～30kVA	台时	683	872	1027	1129
车床 Φ400～600	台时	185	216	246	277
刨床 B650	台时	102	144	185	226
摇臂钻床 Φ50	台时	102	128	154	175
其他机械费	%	18	18	18	20
定额编号		01069	01070	01071	01072

一－4　横轴混流式水轮机

单位:台

项目	单位	设备自重(t)			
		3	5	10	15
工长	工时	63	76	110	143
高级工	工时	301	366	527	686
中级工	工时	714	870	1252	1630
初级工	工时	175	214	307	400
合计	工时	1253	1526	2196	2859
钢板	kg	94	110	164	218
型钢	kg	146	170	255	340
铜材	kg	3	4	5	8
电焊条	kg	32	40	56	72
油漆	kg	16	19	27	35
破布	kg	9	11	16	21
汽油 70#	kg	18	22	32	42
氧气	m^3	45	56	70	84
乙炔气	m^3	20	25	31	38
木材	m^3	0.1	0.2	0.4	0.6
电	kWh	420	510	733	956
其他材料费	%	20	20	20	20
桥式起重机	台时	23	28	37	47
电焊机 20～30kVA	台时	31	36	51	67
车床 Φ400～600	台时	10	10	20	26
刨床 B650	台时	10	10	16	20
摇臂钻床 Φ50	台时	6	10	16	20
其他机械费	%	20	20	20	20
定额编号		01073	01074	01075	01076

续表

项目	单位	设备自重（t）		
		20	25	30
工　　长	工时	176	198	228
高 级 工	工时	847	947	1096
中 级 工	工时	2011	2249	2602
初 级 工	工时	494	552	639
合　　计	工时	3528	3946	4565
钢　　板	kg	272	320	400
型　　钢	kg	425	500	620
铜　　材	kg	10	12	16
电 焊 条	kg	90	100	130
油　　漆	kg	43	48	60
破　　布	kg	26	29	38
汽　　油 70#	kg	52	58	76
氧　　气	m^3	98	107	130
乙 炔 气	m^3	44	48	60
木　　材	m^3	0.8	1	1.6
电	kWh	1179	1320	1680
其他材料费	%	20	20	20
桥式起重机	台时	56	61	71
电 焊 机 20～30kVA	台时	87	98	123
车　　床 Φ400～600	台时	31	36	41
刨　　床 B650	台时	26	31	36
摇 臂 钻 床 Φ50	台时	26	31	36
其他机械费	%	20	20	20
定额编号		01077	01078	01079

一-5 贯流式(灯泡式)水轮机

单位:台

项目	单位	设备自重(t)			
		5	10	15	20
工长	工时	134	168	216	242
高级工	工时	645	805	1035	1163
中级工	工时	1531	1912	2458	2762
初级工	工时	376	470	604	679
合计	工时	2686	3355	4313	4846
钢板	kg	110	137	183	209
型钢	kg	506	627	836	952
钢管	kg	47	59	77	88
铜材	kg	3	4	5	6
电焊条	kg	50	70	83	112
油漆	kg	32	41	49	56
破布	kg	28	37	44	51
汽油 70#	kg	53	74	87	118
透平油	kg	17	20	27	31
氧气	m^3	46	58	77	86
乙炔气	m^3	21	26	35	39
木材	m^3	0.2	0.3	0.4	0.5
电	kWh	712	1104	1384	1680
其他材料费	%	18	18	18	18
桥式起重机	台时	23	33	47	61
电焊机 20~30kVA	台时	41	61	72	98
车床 Φ400~600	台时	6	10	16	20
刨床 B650	台时	6	10	16	20
摇臂钻床 Φ50	台时	6	6	10	10
压力滤油机 150型	台时	10	10	10	16
其他机械费	%	18	18	18	18
定额编号		01080	01081	01082	01083

续表

项目	单位	设备自重（t）			
		30	40	60	80
工长	工时	315	378	566	743
高级工	工时	1514	1814	2716	3567
中级工	工时	3595	4309	6451	8471
初级工	工时	883	1059	1585	2080
合计	工时	6307	7560	11318	14861
钢板	kg	290	361	494	675
型钢	kg	1331	1650	2277	3091
钢管	kg	127	154	212	292
铜材	kg	8	10	12	14
电焊条	kg	178	212	266	322
油漆	kg	77	90	114	138
破布	kg	70	82	103	125
汽油 70#	kg	187	223	279	338
透平油	kg	44	54	87	130
氧气	m^3	120	150	208	282
乙炔气	m^3	54	68	94	127
木材	m^3	0.7	0.9	1.1	1.3
电	kWh	2224	2864	4128	5632
其他材料费	%	18	20	20	20
桥式起重机	台时	89	117	145	173
电焊机 20～30kVA	台时	154	179	226	277
车床 Φ400～600	台时	26	31	36	41
刨床 B650	台时	26	31	36	41
摇臂钻床 Φ50	台时	16	16	20	26
压力滤油机 150 型	台时	16	20	20	26
其他机械费	%	18	20	20	20
定额编号		01084	01085	01086	01087

续表

项　　目	单位	设备自重（t）				
		100	150	200	250	300
工　　长	工时	919	1316	1713	2069	2426
高 级 工	工时	4413	6318	8222	9933	11645
中 级 工	工时	10482	15004	19527	23590	27657
初 级 工	工时	2575	3685	4796	5794	6793
合　　计	工时	18389	26323	34258	41386	48521
钢　　板	kg	818	1140	1462	1752	2042
型　　钢	kg	3752	5240	6726	8064	9402
钢　　管	kg	352	487	622	744	866
铜　　材	kg	16	20	25	29	33
电 焊 条	kg	400	576	752	910	1068
油　　漆	kg	155	193	231	265	300
破　　布	kg	140	174	208	238	268
汽　　油 70#	kg	420	604	788	954	1120
透 平 油	kg	182	299	416	521	626
氧　　气	m^3	342	477	612	734	856
乙 炔 气	m^3	154	215	275	330	385
木　　材	m^3	1.5	1.9	2.4	2.8	3.2
电	kWh	6128	7244	8360	9364	10368
其他材料费	%	20	20	20	20	20
桥式起重机	台时	197	248	300	347	393
电 焊 机 20～30kVA	台时	339	493	642	780	914
车　　床 Φ400～600	台时	51	72	98	118	139
刨　　床 B650	台时	51	72	98	118	139
摇臂钻床 Φ50	台时	31	41	51	61	72
压力滤油机 150型	台时	31	41	51	61	72
其他机械费	%	20	20	20	20	20
定额编号		01088	01089	01090	01091	01092

一－6　水轮机/水泵

单位：台

项目	单位	设备自重（t）			
		50	100	150	200
工长	工时	435	1065	1532	1873
高级工	工时	2086	5112	7355	8989
中级工	工时	4953	12142	17468	21350
初级工	工时	1216	2983	4291	5244
合计	工时	8690	21302	30646	37456
钢板	kg	576	1196	1778	2203
型钢	kg	2165	4481	6672	8260
钢管	kg	182	376	562	695
铜材	kg	20	36	53	64
电焊条	kg	384	797	1188	1472
油漆	kg	144	298	444	549
破布	kg	96	199	295	366
汽油 70#	kg	192	397	590	731
透平油	kg	22	33	46	57
氧气	m^3	497	1028	1531	1895
乙炔气	m^3	216	445	662	820
木材	m^3	1	1.7	2.6	3.3
砂布	张	43	89	132	147
滤油纸 300×300	张	84	175	264	354
电	kWh	4956	10004	14892	18446
其他材料费	%	20	20	20	20
桥式起重机	台时	79	153	230	321
电焊机 20～30kVA	台时	307	615	924	1232
车床 Φ400～600	台时	36	79	122	170
刨床 B650	台时	31	61	98	135
摇臂钻床 Φ50	台时	36	89	148	189
压力滤油机 150型	台时	19	44	73	99
其他机械费	%	20	20	20	20
定额编号		01093	01094	01095	01096

续表

项目	单位	设备自重（t）			
		300	400	500	600
工　　长	工时	2328	2659	3217	3811
高 级 工	工时	11173	12762	15442	18293
中 级 工	工时	26537	30310	36675	43447
初 级 工	工时	6518	7444	9008	10671
合　　计	工时	46556	53175	64342	76222
钢　　板	kg	2820	3230	3760	3936
型　　钢	kg	10574	12120	14110	14773
钢　　管	kg	891	1021	1188	1243
铜　　材	kg	93	126	192	210
电 焊 条	kg	1884	2160	2515	2634
油　　漆	kg	704	809	943	989
破　　布	kg	469	539	629	659
汽　　油 70#	kg	938	1078	1258	1318
透 平 油	kg	84	106	134	146
氧　　气	m^3	2428	2783	3241	3394
乙 炔 气	m^3	1049	1202	1399	1464
木　　材	m^3	4.9	6	7.8	8.4
砂　　布	张	261	336	444	480
滤 油 纸 300×300	张	499	588	696	732
电	kWh	23611	27068	31518	33001
其他材料费	%	20	20	20	20
桥式起重机	台时	456	584	754	810
电 焊 机 20～30kVA	台时	1610	1848	2149	2255
车　　床 Φ400～600	台时	239	301	389	419
刨　　床 B650	台时	192	240	308	332
摇臂钻床 Φ50	台时	268	332	425	462
压力滤油机 150型	台时	143	179	234	252
其他机械费	%	20	20	20	20
定额编号		01097	01098	01099	01100

续表

项目	单位	设备自重（t）			
		700	800	900	1000
工长	工时	4377	4666	5236	5842
高级工	工时	21010	22395	25132	28042
中级工	工时	49898	53188	59688	66601
初级工	工时	12255	13063	14660	16358
合计	工时	87540	93312	104716	116843
钢板	kg	4181	4426	4861	5297
型钢	kg	15691	16609	18241	19872
钢管	kg	1321	1398	1535	1673
铜材	kg	246	282	318	354
电焊条	kg	2797	2962	3251	3541
油漆	kg	1048	1111	1220	1330
破布	kg	698	740	814	887
汽油 70#	kg	1397	1481	1627	1774
透平油	kg	158	170	182	194
氧气	m^3	3605	3816	4192	4567
乙炔气	m^3	1555	1645	1807	1968
木材	m^3	9	9.6	10	11
砂布	张	540	600	660	720
滤油纸 300×300	张	768	804	840	876
电	kWh	35056	37110	40762	44413
其他材料费	%	20	20	20	20
桥式起重机	台时	866	923	1024	1136
电焊机 20～30kVA	台时	2396	2532	2784	3031
车床 Φ400～600	台时	443	474	523	580
刨床 B650	台时	358	376	419	462
摇臂钻床 Φ50	台时	486	518	580	635
压力滤油机 150型	台时	264	283	314	344
其他机械费	%	20	20	20	20
定额编号		01101	01102	01103	01104

第二章

调速系统安装

说　明

一、本章包括调速器、油压装置安装共二节。

二、本章不包括调速系统管路的安装(按第六章计算)和基础埋件的制作(按小型金属结构制安的定额计算)。

三、本章按工作压力为2.5MPa拟定。工作压力为4MPa时，安装定额乘以1.1系数;工作压力为6MPa时,安装定额乘以1.2系数。

四、本章按桥式起重机吊装施工,其台时单价可按电站实际选用规格计算。

五、调速器安装

1.工作内容,包括基础、本体、复原机构、调速轴、事故配压阀、管路等清扫安装以及调速系统调整试验。

2.电液调速器安装,可套用相同配压阀的定额并乘以1.1系数。

3.本节以“台”为计量单位。

六、油压装置安装

1.工作内容,包括集油槽、压油槽、漏油槽、油泵、管道及辅助设备等安装以及设备定量油的滤油、充油工作。

2.油压启闭机和蝴蝶阀操作机构单独用的油压装置安装,可套用本章相应定额并乘以1.1系数。

3.本节以“套”为计量单位。

二－1 调速器

单位:台

项　　目	单位	型号			
		W－900	CT－40	T－100	T－150
工　长	工时	104	124	181	203
高级工	工时	415	498	726	812
中级工	工时	1037	1244	1814	2030
初级工	工时	172	208	303	339
合　计	工时	1728	2074	3024	3384
钢　板	kg	58	60	90	100
型　钢	kg	320	340	527	540
钢　管	kg	30	32	50	56
铜　材	kg	2	2	3	4
电焊条	kg	18	18	36	40
油　漆	kg	24	26	40	44
破　布	kg	30	32	50	56
汽　油 70#	kg	56	58	90	100
透平油	kg	10	10	16	18
氧　气	m^3	29	32	50	55
乙炔气	m^3	13	14	22	25
白　布	m^2	8	8	12	13
电	kWh	820	840	1300	1443
其他材料费	%	20	20	20	20
桥式起重机	台时	9	9	14	18
电焊机 20～30kVA	台时	16	16	31	36
车　床 Φ400～600	台时	10	10	16	31
刨　床 B650	台时	10	10	16	26
其他机械费	%	20	20	20	20
定额编号		02001	02002	02003	02004

续表

项　　目	单位	型　　号		
		ST－100	ST－150	ST－200
工　　长	工时	223	249	300
高 级 工	工时	894	995	1201
中 级 工	工时	2233	2488	3002
初 级 工	工时	372	415	501
合　　计	工时	3722	4147	5004
钢　　板	kg	116	130	146
型　　钢	kg	600	680	756
钢　　管	kg	65	72	80
铜　　材	kg	5	6	7
电 焊 条	kg	36	40	44
油　　漆	kg	50	56	62
破　　布	kg	65	72	80
汽　　油 70#	kg	116	130	146
透 平 油	kg	20	22	24
氧　　气	m^3	62	70	78
乙 炔 气	m^3	28	32	35
白　　布	m^2	15	17	20
电	kWh	1676	1860	2060
其他材料费	%	20	20	20
桥式起重机	台时	18	23	23
电 焊 机 20～30kVA	台时	31	36	36
车　　床 Φ400～600	台时	31	31	41
刨　　床 B650	台时	31	31	41
其他机械费	%	20	20	20
定 额 编 号		02005	02006	02007

二－2 油压装置

单位:套

项目	单位	型号		
		W－900	CT－40	YS－0.6
工长	工时	33	51	60
高级工	工时	133	202	239
中级工	工时	333	505	596
初级工	工时	55	84	99
合计	工时	554	842	994
钢板	kg	8	12	18
型钢	kg	42	60	90
钢管	kg	7	10	15
铜材	kg	1	1	1
电焊条	kg	6	8	12
油漆	kg	10	14	20
破布	kg	12	18	30
汽油 70#	kg	24	32	46
氧气	m^3	5	7	9
乙炔气	m^3	2	3	4
滤油纸 300×300	张	60	80	120
电	kWh	104	146	220
其他材料费	%	20	20	20
桥式起重机	台时	5	5	9
电焊机 20～30kVA	台时	6	6	10
车床 Φ400～600	台时	2	2	6
刨床 B650	台时	2	2	6
压力滤油机 150型	台时	2	2	6
其他机械费	%	10	15	16
定额编号		02008	02009	02010

续表

项目	单位	型号		
		YS-1~1.6	YS-1.7~2.5	YS-4~8
工长	工时	76	96	119
高级工	工时	304	384	475
中级工	工时	760	958	1188
初级工	工时	127	160	198
合计	工时	1267	1598	1980
钢板	kg	22	28	39
型钢	kg	96	128	179
钢管	kg	16	21	29
铜材	kg	2	2	3
电焊条	kg	14	19	27
油漆	kg	22	29	40
破布	kg	32	43	60
汽油 70#	kg	50	66	92
氧气	m^3	9	12	16
乙炔气	m^3	4	5	7
滤油纸 300×300	张	120	160	224
电	kWh	238	318	444
其他材料费	%	20	20	20
桥式起重机	台时	14	18	18
电焊机 20~30kVA	台时	16	20	26
车床 Φ400~600	台时	10	16	20
刨床 B650	台时	10	16	20
压力滤油机 150 型	台时	10	20	26
其他机械费	%	18	18	20
定额编号		02011	02012	02013

续表

项目	单位	型号		
		YS－10～12.5	YS－20	YS－40
工　　长	工时	152	181	251
高 级 工	工时	606	722	1004
中 级 工	工时	1516	1806	2510
初 级 工	工时	253	301	418
合　　计	工时	2527	3010	4183
钢　　板	kg	44	56	78
型　　钢	kg	204	260	360
钢　　管	kg	33	42	60
铜　　材	kg	3	4	6
电 焊 条	kg	30	40	56
油　　漆	kg	46	60	84
破　　布	kg	68	87	120
汽　　油 70#	kg	105	134	188
氧　　气	m^3	18	23	32
乙 炔 气	m^3	8	10	14
滤 油 纸 300×300	张	256	326	450
电	kWh	510	650	910
其他材料费	%	20	20	20
桥式起重机	台时	28	28	37
电 焊 机 20～30kVA	台时	31	35	51
车　　床 Φ400～600	台时	31	35	51
刨　　床 B650	台时	31	35	51
压力滤油机 150型	台时	36	46	61
其他机械费	%	20	10	10
定额编号		02014	02015	02016

第三章

水轮发电机安装

说　明

一、本章包括竖轴、横轴、贯流式水轮发电机和发电机/电动机安装共四节。

二、本章以“台”为计量单位，按全套设备自重选用子目。

三、工作内容

1.基础埋设、定子、转子、励磁装置、永磁发电机、机架、导轴承、推力轴承、空气冷却器、随设备到货的管路及其他部件安装。

2.轴承用油的滤油、注油工作。

3.磁板、转子、定子等的干燥工作。

4.联轴前后的机组轴线检查调整工作。

四、本章定额不包括

1.电气调整试验工作，但定子发热试验及线圈耐压试验的配合工作已包括在本章工作内容中。

2.转子组装场地基础埋设部件的埋设工作（如固定主轴用的基础螺栓、转子组装平台埋件等），应按设计另列项目。

3.定子现场组焊、叠装、整体下线及铁损试验等工作。

4.转子中心体在现场的组焊工作。

五、本章按桥式起重机吊装施工，其台时单价可按电站实际选用规格计算。

六、发电机/电动机安装，适用于抽水蓄能电站的可逆式发电机安装。

三－1　竖轴水轮发电机

单位:台

项目	单位	设备自重(t)			
		10	20	30	40
工长	工时	153	226	258	318
高级工	工时	733	1087	1241	1528
中级工	工时	1862	2763	3154	3883
初级工	工时	305	453	517	636
合计	工时	3053	4529	5170	6365
钢板	kg	210	300	392	483
型钢	kg	405	585	761	931
钢管	kg	58	83	108	133
电焊条	kg	37	53	69	85
油漆	kg	42	60	78	97
破布	kg	30	43	56	69
香蕉水	kg	12	17	22	28
苯	kg	8	11	15	18
汽油 70#	kg	51	71	95	117
酚醛层压板	kg	11	16	21	25
氧气	m^3	84	120	157	193
乙炔气	m^3	36	52	67	83
木材	m^3	0.3	0.4	0.5	0.6
酒精 500g	瓶	10	14	19	23
玻璃丝带	卷	17	24	32	39
电	kWh	1530	2190	2855	3520
其他材料费	%	20	20	20	20
桥式起重机	台时	37	51	61	71
电焊机 20～30kVA	台时	36	51	67	82
车床 Φ400～600	台时	13	18	23	26
刨床 B650	台时	16	20	26	31
摇臂钻床 Φ50	台时	7	10	13	16
汽车起重机 16t	台时		1	1	2
载重汽车 5t	台时	7	8	10	12
其他机械费	%	20	20	20	20
定额编号		03001	03002	03003	03004

续表

项目	单位	设备自重(t)			
		50	75	100	125
工长	工时	350	462	575	687
高级工	工时	1681	2219	2761	3297
中级工	工时	4274	5639	7019	8380
初级工	工时	701	925	1151	1374
合计	工时	7006	9245	11506	13738
钢板	kg	574	770	968	1144
型钢	kg	1107	1486	1866	2195
钢管	kg	158	212	266	320
电焊条	kg	101	136	165	195
油漆	kg	115	154	194	233
破布	kg	82	110	138	166
香蕉水	kg	33	44	56	67
苯	kg	22	30	37	45
汽油 70#	kg	140	188	236	284
酚醛层压板	kg	30	40	51	61
氧气	m^3	230	309	388	466
乙炔气	m^3	98	132	166	200
木材	m^3	0.7	0.9	1.1	1.3
酒精 500g	瓶	27	36	45	55
玻璃丝带	卷	46	62	78	93
电	kWh	4180	5610	7045	8480
其他材料费	%	20	20	20	20
桥式起重机	台时	80	99	117	136
电焊机 20~30kVA	台时	92	128	159	185
车床 Φ400~600	台时	31	41	57	67
刨床 B650	台时	36	51	67	77
摇臂钻床 Φ50	台时	20	28	36	41
汽车起重机 16t	台时	2	4	6	8
载重汽车 5t	台时	16	20	27	33
其他机械费	%	20	20	18	18
定额编号		03005	03006	03007	03008

续表

项目	单位	设备自重（t）			
		150	175	200	250
工长	工时	807	935	1040	1251
高级工	工时	3874	4488	4992	6003
中级工	工时	9847	11406	12689	15258
初级工	工时	1614	1869	2080	2501
合计	工时	16142	18698	20801	25013
钢板	kg	1282	1420	1558	1803
型钢	kg	2459	2720	2998	3417
钢管	kg	359	397	436	513
电焊条	kg	218	242	265	312
油漆	kg	261	289	317	373
破布	kg	186	206	226	267
香蕉水	kg	75	83	91	108
苯	kg	50	56	61	72
汽油 70#	kg	318	352	387	455
酚醛层压板	kg	68	76	83	98
氧气	m^3	522	578	634	747
乙炔气	m^3	224	248	272	321
木材	m^3	1.5	1.6	1.8	2.1
酒精 500g	瓶	62	68	75	88
玻璃丝带	卷	104	116	127	149
电	kWh	9500	10520	11545	13590
其他材料费	%	20	20	20	20
桥式起重机	台时	154	164	179	197
电焊机 20～30kVA	台时	210	231	251	298
车床 Φ400～600	台时	77	87	98	108
刨床 B650	台时	87	98	108	118
摇臂钻床 Φ50	台时	47	58	67	77
汽车起重机 16t	台时	10	12	15	18
载重汽车 5t	台时	37	42	46	50
其他机械费	%	18	18	18	16
定额编号		03009	03010	03011	03012

续表

项目	单位	设备自重（t）				
		300	350	400	450	550
工　长	工时	1461	1672	1863	2091	2425
高级工	工时	7012	8027	8944	10038	11640
中级工	工时	17823	20401	22733	25513	29584
初级工	工时	2922	3344	3727	4183	4850
合　计	工时	29218	33444	37267	41825	48499
钢　板	kg	2047	2291	2535	2779	3242
型　钢	kg	3880	4343	4805	5268	6145
钢　管	kg	582	652	721	790	922
电焊条	kg	354	396	438	480	560
油　漆	kg	423	474	524	575	671
破　布	kg	303	339	376	412	480
香蕉水	kg	120	133	145	158	184
苯	kg	80	89	97	105	120
汽　油 70#	kg	517	578	640	701	818
酚醛层压板	kg	110	124	138	151	176
氧　气	m^3	848	950	1051	1152	1344
乙炔气	m^3	364	403	451	495	577
木　材	m^3	2.3	2.6	2.9	3.2	3.7
酒　精 500g	瓶	99	109	120	131	151
玻璃丝带	卷	169	190	210	230	268
电	kWh	15430	17270	19110	20950	24440
其他材料费	%	20	20	20	20	20
桥式起重机	台时	239	276	319	361	398
电焊机 20～30kVA	台时	339	379	416	457	534
车　床 Φ400～600	台时	128	149	165	179	185
刨　床 B650	台时	144	165	185	200	210
摇臂钻床 Φ50	台时	92	102	108	118	128
汽车起重机 16t	台时	23	29	33	42	46
载重汽车 5t	台时	57	70	75	84	92
其他机械费	%	16	16	16	16	16
定额编号		03013	03014	03015	03016	03017

续表

项目	单位	设备自重(t)				
		650	750	850	950	1050
工长	工时	2803	3232	3758	4268	4781
高级工	工时	13452	15516	18040	20487	22946
中级工	工时	34192	39436	45853	52072	58321
初级工	工时	5605	6465	7517	8536	9561
合计	工时	56052	64649	75168	85363	95609
钢板	kg	3704	4167	4629	5273	5917
型钢	kg	7021	7898	8775	9995	11215
钢管	kg	1053	1185	1316	1499	1682
电焊条	kg	640	720	800	911	1023
油漆	kg	767	863	959	1092	1226
破布	kg	548	617	685	780	875
香蕉水	kg	209	235	260	296	331
苯	kg	136	151	166	187	209
汽油 70#	kg	935	1051	1168	1330	1493
酚醛层压板	kg	200	226	251	286	321
氧气	m^3	1536	1728	1919	2186	2453
乙炔气	m^3	659	741	823	937	1052
木材	m^3	4.2	4.7	5.2	5.9	6.6
酒精 500g	瓶	172	192	213	241	270
玻璃丝带	卷	307	345	383	436	490
电	kWh	27920	31410	34890	39740	44590
其他材料费	%	20	20	20	20	20
桥式起重机	台时	530	581	632	680	708
电焊机 20~30kVA	台时	611	683	760	868	970
车床 Φ400~600	台时	216	246	277	298	318
刨床 B650	台时	241	272	308	328	349
摇臂钻床 Φ50	台时	149	165	185	206	231
汽车起重机 16t	台时	54	62	70	71	75
载重汽车 5t	台时	108	121	138	146	154
其他机械费	%	16	16	16	16	14
定额编号		03018	03019	03020	03021	03022

续表

项目	单位	设备自重（t）				
		1200	1400	1600	1800	2000
工长	工时	5615	6631	7582	8622	9644
高级工	工时	26952	31828	36395	41387	46290
中级工	工时	68501	80896	92504	105193	117653
初级工	工时	11230	13262	15165	17245	19287
合计	工时	112298	132617	151646	172447	192874
钢板	kg	6883	8332	9780	11230	12680
型钢	kg	13044	15793	18540	21290	24040
钢管	kg	1957	2370	2783	3195	3608
电焊条	kg	1190	1441	1692	1944	2195
油漆	kg	1426	1727	2030	2330	2630
破布	kg	1018	1232	1447	1661	1876
香蕉水	kg	384	464	544	624	704
苯	kg	241	289	337	385	433
汽油 70#	kg	1737	2103	2470	2840	3200
酚醛层压板	kg	373	451	530	608	687
氧气	m^3	2853	3455	4056	4658	5259
乙炔气	m^3	1223	1481	1738	1996	2253
木材	m^3	7.7	9.3	11	13	14
酒精 500g	瓶	312	376	440	504	568
玻璃丝带	卷	569	689	809	929	1050
电	kWh	51870	62800	73730	84650	95580
其他材料费	%	20	20	20	20	20
桥式起重机	台时	759	905	1055	1200	1345
电焊机 20~30kVA	台时	1129	1371	1617	1848	2105
车床 Φ400~600	台时	334	401	462	534	601
刨床 B650	台时	369	442	513	580	652
摇臂钻床 Φ50	台时	257	308	359	411	462
汽车起重机 16t	台时	84	100	116	138	158
载重汽车 5t	台时	166	196	229	259	292
其他机械费	%	14	14	14	14	14
定额编号		03023	03024	03025	03026	03027

三－2 横轴水轮发电机

单位:台

项目	单位	设备自重(t)			
		5	10	15	20
工长	工时	65	90	119	150
高级工	工时	313	432	572	719
中级工	工时	795	1098	1454	1827
初级工	工时	130	180	238	299
合计	工时	1303	1800	2383	2995
钢板	kg	130	194	258	322
型钢	kg	230	343	456	569
钢管	kg	10	15	20	25
铜材	kg	2	2	3	4
电焊条	kg	21	31	42	52
油漆	kg	28	42	56	69
破布	kg	12	18	24	30
汽油 70#	kg	38	57	75	94
香蕉水	kg	5	7	10	12
氧气	m^3	35	52	69	87
乙炔气	m^3	15	22	30	37
酒精 500g	瓶	6	9	12	15
电	kWh	525	785	1045	1300
其他材料费	%	18	18	18	18
桥式起重机	台时	18	23	32	37
电焊机 20～30kVA	台时	20	31	41	51
车床 Φ400～600	台时	6	6	10	10
刨床 B650	台时	6	10	16	20
摇臂钻床 Φ50	台时	6	6	10	10
空气压缩机 $9m^3/min$	台时	3	3	4	4
载重汽车 5t	台时		1	3	4
其他机械费	%	16	16	16	16
定额编号		03028	03029	03030	03031

续表

项目	单位	设备自重(t)			
		25	30	40	50
工长	工时	179	208	247	277
高级工	工时	857	999	1187	1327
中级工	工时	2178	2539	3017	3373
初级工	工时	357	416	495	553
合计	工时	3571	4162	4946	5530
钢板	kg	386	450	538	626
型钢	kg	646	722	863	1003
钢管	kg	30	35	42	49
铜材	kg	5	6	7	8
电焊条	kg	62	73	87	101
油漆	kg	83	97	116	135
破布	kg	36	41	49	57
汽油 70#	kg	113	132	158	183
香蕉水	kg	15	17	20	24
氧气	m^3	104	121	145	168
乙炔气	m^3	45	52	62	72
酒精 500g	瓶	18	20	24	28
电	kWh	1560	1820	2175	2530
其他材料费	%	18	18	18	20
桥式起重机	台时	47	56	61	71
电焊机 20~30kVA	台时	57	67	82	98
车床 Φ400~600	台时	20	26	31	36
刨床 B650	台时	26	36	41	51
摇臂钻床 Φ50	台时	16	16	20	26
空气压缩机 $9m^3/min$	台时	5	6	7	8
载重汽车 5t	台时	5	6	7	8
其他机械费	%	16	16	16	12
定额编号		03032	03033	03034	03035

续表

项目	单位	设备自重（t）			
		75	100	125	150
工长	工时	369	463	557	634
高级工	工时	1773	2224	2675	3045
中级工	工时	4506	5652	6799	7738
初级工	工时	739	927	1115	1269
合计	工时	7387	9266	11146	12686
钢板	kg	845	1000	1155	1318
型钢	kg	1355	1707	2141	2430
钢管	kg	66	83	100	114
铜材	kg	10	12	15	17
电焊条	kg	137	172	208	237
油漆	kg	182	230	276	315
破布	kg	77	97	117	134
汽油 70#	kg	248	312	376	429
香蕉水	kg	32	38	43	49
氧气	m^3	227	286	345	394
乙炔气	m^3	98	123	148	169
酒精 500g	瓶	36	42	48	54
电	kWh	3420	4305	5190	5920
其他材料费	%	20	20	20	20
桥式起重机	台时	85	103	117	126
电焊机 20～30kVA	台时	128	165	200	226
车床 Φ400～600	台时	47	61	72	82
刨床 B650	台时	67	82	98	108
摇臂钻床 Φ50	台时	31	41	51	57
空气压缩机 $9m^3/min$	台时	12	15	18	20
载重汽车 5t	台时	12	17	20	25
其他机械费	%	12	12	12	12
定额编号		03036	03037	03038	03039

续表

项目	单位	设备自重(t)			
		175	200	250	300
工长	工时	713	764	923	1070
高级工	工时	3423	3667	4429	5134
中级工	工时	8700	9320	11257	13048
初级工	工时	1427	1527	1845	2139
合计	工时	14263	15278	18454	21391
钢板	kg	1480	1640	1924	2207
型钢	kg	2744	3030	3534	4040
钢管	kg	128	142	165	191
铜材	kg	19	21	25	28
电焊条	kg	267	282	317	353
油漆	kg	354	392	460	527
破布	kg	150	166	195	224
汽油 70#	kg	482	534	626	719
香蕉水	kg	55	61	70	80
氧气	m^3	442	490	575	659
乙炔气	m^3	190	211	247	284
酒精 500g	瓶	61	68	79	90
电	kWh	6650	7370	8645	9920
其他材料费	%	20	20	20	20
桥式起重机	台时	140	154	188	216
电焊机 20~30kVA	台时	251	267	303	334
车床 Φ400~600	台时	92	102	123	144
刨床 B650	台时	123	144	165	185
摇臂钻床 Φ50	台时	67	72	82	92
空气压缩机 $9m^3/min$	台时	24	30	35	42
载重汽车 5t	台时	29	33	37	42
其他机械费	%	12	12	12	12
定额编号		03040	03041	03042	03043

三－3　贯流式水轮发电机

单位:台

项　　目	单位	设备自重（t）			
		5	10	15	20
工　　长	工时	69	95	126	157
高 级 工	工时	330	456	603	752
中 级 工	工时	839	1160	1533	1910
初 级 工	工时	137	190	251	313
合　　计	工时	1375	1901	2513	3132
钢　　板	kg	139	205	271	338
型　　钢	kg	331	450	569	689
钢　　管	kg	40	65	86	107
铜　　材	kg	1	1.5	2	2.4
电 焊 条	kg	14	20	26	33
油　　漆	kg	17	25	33	41
破　　布	kg	13	19	25	31
香 蕉 水	kg	1	2	3	3
苯	kg	2	3	4	5
汽　　油 70#	kg	22	32	42	53
氧　　气	m^3	32	48	64	79
乙 炔 气	m^3	13	21	27	34
木　　材	m^3	0.2	0.3	0.4	0.5
酒　　精 500g	瓶	3	4	4	4
玻璃丝带	卷	4	6	8	10
电	kWh	710	1050	1390	1730
其他材料费	%	20	20	20	20
桥式起重机	台时	18	33	37	47
电 焊 机 20～30kVA	台时	13	20	26	31
车　　床 Φ400～600	台时	7	10	13	16
刨　　床 B650	台时	7	10	13	16
摇臂钻床 Φ50	台时	4	6	7	10
空气压缩机 9m³/min	台时		3	4	4
载重汽车 5t	台时	3	4	6	7
其他机械费	%	16	16	16	16
定额编号		03044	03045	03046	03047

续表

项目	单位	设备自重(t)			
		25	30	40	50
工长	工时	187	219	261	289
高级工	工时	895	1051	1251	1389
中级工	工时	2275	2670	3180	3532
初级工	工时	373	438	521	579
合计	工时	3730	4378	5213	5789
钢板	kg	404	470	557	643
型钢	kg	808	927	1091	1255
钢管	kg	128	148	178	207
铜材	kg	2.9	3.4	4.1	4.7
电焊条	kg	39	46	55	64
油漆	kg	49	57	68	79
破布	kg	37	44	52	61
香蕉水	kg	4	5	6	7
苯	kg	6	7	8	10
汽油 70#	kg	63	73	87	101
氧气	m^3	95	110	131	153
乙炔气	m^3	41	48	57	66
木材	m^3	0.6	0.7	0.9	1
酒精 500g	瓶	5	6	7	8
玻璃丝带	卷	12	14	17	19
电	kWh	2070	2410	2910	3345
其他材料费	%	20	20	20	20
桥式起重机	台时	51	61	71	85
电焊机 20~30kVA	台时	37	47	51	61
车床 Φ400~600	台时	20	26	31	36
刨床 B650	台时	18	20	24	28
摇臂钻床 Φ50	台时	13	16	18	21
空气压缩机 $9m^3/min$	台时	5	6	7	8
载重汽车 5t	台时	8	10	12	15
其他机械费	%	16	16	16	14
定额编号		03048	03049	03050	03051

续表

项目	单位	设备自重（t）			
		75	100	125	150
工长	工时	388	488	584	666
高级工	工时	1865	2341	2799	3197
中级工	工时	4739	5951	7115	8125
初级工	工时	777	976	1166	1332
合计	工时	7769	9756	11664	13320
钢板	kg	859	1052	1226	1400
型钢	kg	1665	2075	2419	2762
钢管	kg	279	350	408	466
铜材	kg	6.3	7.9	9.2	11
电焊条	kg	86	108	123	137
油漆	kg	107	134	157	180
破布	kg	82	103	122	140
香蕉水	kg	9	11	13	14
苯	kg	13	16	19	21
汽油 70#	kg	137	172	200	229
氧气	m^3	206	259	302	345
乙炔气	m^3	89	112	131	149
木材	m^3	1.4	1.7	2	2.3
酒精 500g	瓶	11	14	16	19
玻璃丝带	卷	26	33	40	47
电	kWh	4510	5680	6620	7516
其他材料费	%	20	20	20	20
桥式起重机	台时	113	140	159	179
电焊机 20～30kVA	台时	82	102	118	128
车床 Φ400～600	台时	47	58	67	77
刨床 B650	台时	36	47	58	67
摇臂钻床 Φ50	台时	26	31	36	41
空气压缩机 9m^3/min	台时	11	13	16	18
载重汽车 5t	台时	17	20	24	27
其他机械费	%	14	14	14	14
定额编号		03052	03053	03054	03055

续表

项目	单位	设备自重(t)			
		175	200	250	300
工长	工时	748	800	959	1118
高级工	工时	3593	3841	4605	5367
中级工	工时	9131	9764	11705	13642
初级工	工时	1497	1601	1919	2236
合计	工时	14969	16006	19188	22363
钢板	kg	1574	1749	2097	2445
型钢	kg	3106	3449	4136	4823
钢管	kg	524	582	698	814
铜材	kg	12	13	16	18
电焊条	kg	152	166	195	224
油漆	kg	203	226	271	317
破布	kg	159	177	214	251
香蕉水	kg	16	17	21	24
苯	kg	24	26	32	37
汽油 70#	kg	257	286	343	400
氧气	m^3	388	431	517	602
乙炔气	m^3	168	186	223	260
木材	m^3	2.6	2.9	3.5	4.1
酒精 500g	瓶	21	23	28	33
玻璃丝带	卷	54	61	75	89
电	kWh	8500	9440	11320	13200
其他材料费	%	20	20	20	20
桥式起重机	台时	202	220	258	300
电焊机 20~30kVA	台时	144	159	185	216
车床 Φ400~600	台时	92	113	134	154
刨床 B650	台时	82	92	108	128
摇臂钻床 Φ50	台时	51	61	72	87
空气压缩机 $9m^3/min$	台时	24	28	30	35
载重汽车 5t	台时	33	37	42	46
其他机械费	%	14	12	12	12
定额编号		03056	03057	03058	03059

三－4　发电机/电动机

单位：台

项　　目	单位	设备自重(t)			
		100	150	200	250
工　长	工时	690	969	1248	1501
高级工	工时	3313	4649	5990	7204
中级工	工时	8422	11815	15226	18308
初级工	工时	1381	1937	2496	3002
合　计	工时	13806	19370	24960	30015
钢　板	kg	1162	1538	1870	2164
型　钢	kg	2239	2951	3598	4100
钢　管	kg	319	431	523	616
电焊条	kg	198	262	318	374
油　漆	kg	233	313	380	448
破　布	kg	166	223	271	320
香蕉水	kg	67	90	109	130
苯	kg	44	60	73	86
汽　油 70#	kg	283	382	464	546
酚醛层压板	kg	61	82	100	118
氧　气	m^3	466	626	761	896
乙炔气	m^3	199	269	326	385
木　材	m^3	1.3	1.8	2.2	2.5
酒　精 500g	瓶	54	74	90	106
玻璃丝带	卷	94	125	152	179
电	kWh	8454	11400	13854	16308
其他材料费	%	20	20	20	20
桥式起重机	台时	140	185	215	236
电焊机 20～30kVA	台时	191	252	301	358
车　床 Φ400～600	台时	68	92	118	130
刨　床 B650	台时	80	104	130	142
摇臂钻床 Φ50	台时	43	56	80	92
空气压缩机 $9m^3/min$	台时	7	12	18	22
载重汽车 5t	台时	32	44	55	60
其他机械费	%	20	20	20	20
定额编号		03060	03061	03062	03063

续表

项　　目	单位	设 备 自 重 （t）			
		350	450	550	650
工　　长	工时	2007	2510	2910	3363
高 级 工	工时	9632	12046	13968	16143
中 级 工	工时	24480	30615	35502	41030
初 级 工	工时	4013	5019	5820	6726
合　　计	工时	40132	50190	58200	67262
钢　　板	kg	2749	3335	3890	4445
型　　钢	kg	5212	6322	7374	8425
钢　　管	kg	782	948	1106	1264
电 焊 条	kg	475	576	672	768
油　　漆	kg	569	690	805	920
破　　布	kg	407	494	576	658
香 蕉 水	kg	160	190	221	251
苯	kg	107	126	144	163
汽　　油 70#	kg	694	841	982	1122
酚醛层压板	kg	149	181	211	240
氧　　气	m^3	1140	1382	1613	1843
乙 炔 气	m^3	484	594	692	791
木　　材	m^3	3.1	3.8	4.4	5
酒　　精 500g	瓶	131	157	181	206
玻璃丝带	卷	228	276	322	368
电	kWh	20724	25140	29328	33504
其他材料费	%	20	20	20	20
桥式起重机	台时	331	433	478	636
电　焊　机 20～30kVA	台时	455	548	641	733
车　　床 Φ400～600	台时	179	215	222	259
刨　　床 B650	台时	198	240	252	289
摇臂钻床 Φ50	台时	122	142	154	179
空气压缩机 $9m^3/min$	台时	35	50	55	65
载重汽车 5t	台时	84	100	110	130
其他机械费	%	20	20	20	20
定 额 编 号		03064	03065	03066	03067

续表

项目	单位	设备自重（t）				
		750	850	950	1050	1200
工长	工时	3879	4510	5122	5737	6738
高级工	工时	18619	21648	24585	27535	32342
中级工	工时	47322	55024	62485	69985	82202
初级工	工时	7758	9020	10244	11473	13476
合计	工时	77578	90202	102436	114730	134758
钢板	kg	5000	5555	6328	7100	8260
型钢	kg	9478	10530	11994	13458	15652
钢管	kg	1422	1579	1799	2018	2348
电焊条	kg	864	960	1093	1228	1428
油漆	kg	1036	1151	1310	1471	1711
破布	kg	740	822	936	1050	1222
香蕉水	kg	282	312	355	397	460
苯	kg	181	199	224	251	289
汽油 70#	kg	1261	1402	1596	1792	2084
酚醛层压板	kg	271	301	343	385	448
氧气	m^3	2074	2303	2623	2944	3424
乙炔气	m^3	889	988	1124	1262	1468
木材	m^3	5.6	6.2	7.1	7.9	9.2
酒精 500g	瓶	230	256	289	324	374
玻璃丝带	卷	414	460	523	588	683
电	kWh	37692	41868	47688	53508	62244
其他材料费	%	20	20	20	20	20
桥式起重机	台时	697	758	816	850	910
电焊机 20～30kVA	台时	820	912	1042	1164	1355
车床 Φ400～600	台时	295	332	358	382	400
刨床 B650	台时	326	370	394	419	443
摇臂钻床 Φ50	台时	198	222	247	277	308
空气压缩机 $9m^3/min$	台时	74	84	86	90	100
载重汽车 5t	台时	145	166	175	185	199
其他机械费	%	20	20	20	20	20
定额编号		03068	03069	03070	03071	03072

第四章

大型水泵安装

说　明

一、本章包括水泵及电动机安装共二节。

二、本章以“台”为计量单位,按全套设备自重选用子目。

三、本章按桥式起重机吊装施工,其台时单价按电站实际选用规格计算。

四、水泵安装

1.工作内容:

(1)埋设部分,包括冲淤、真空阀、泵座、人孔、止水部分及与混凝土流道联接部分的埋件安装。

(2)本体部分,包括全部泵体组合件、支承件、止水密封件、调速、调叶片以及顶车系统等随机附件、器具、仪表、管路附件的安装。

2.本节按混凝土蜗壳、进出水流道拟定。

3.本节按转轮叶片为半调节方式拟定,如采用全调节叶片,套用本节定额时,人工定额乘以1.05系数。

4.本节未考虑泵轴及叶片的喷镀(涂)工作,如有需要,可按设计要求另列项目。

5.本节按水泵工作水头10m以内拟定,不分轴流、混流、贯流泵型,也不分横轴、竖轴。

6.真空阀、辅机、泵的安装,均按本册的主阀、辅机设备各章定额套用。

五、电动机安装

1.工作内容,包括基础埋设,定子、转子及其附件安装,轴承油过滤,电动机干燥,联轴及调整等内容。

2.本节不包括电气调整试验工作。

3.设备自重≤42t 的定额子目为横轴电动机安装;设备自重≥45t 的定额子目为竖轴电动机安装。

四－1 水泵

单位:台

项目	单位	设备自重（t）				
		12	18	25	30	35
工长	工时	190	278	364	426	488
高级工	工时	913	1334	1749	2046	2341
中级工	工时	2319	3390	4444	5200	5951
初级工	工时	380	556	729	853	976
合计	工时	3802	5558	7286	8525	9756
钢板	kg	62	106	129	145	159
型钢	kg	100	170	209	232	255
电焊条	kg	32	53	66	73	80
油漆	kg	17	28	34	37	43
破布	kg	15	25	31	34	38
汽油 70#	kg	29	50	61	69	75
橡胶板	kg	14	23	29	32	36
氧气	m^3	69	117	143	160	175
乙炔气	m^3	31	53	64	72	78
木材	m^3	0.3	0.4	0.4	0.5	0.6
电	kWh	540	920	1140	1270	1390
其他材料费	%	16	16	16	16	18
桥式起重机	台时	33	51	56	56	56
电焊机 20～30kVA	台时	26	57	61	67	67
车床 Φ400～600	台时	26	51	57	57	57
刨床 B650	台时	20	36	41	41	41
摇臂钻床 Φ50	台时	20	31	36	36	36
其他机械费	%	16	16	16	16	18
定额编号		04001	04002	04003	04004	04005

续表

项目	单位	设备自重(t)				
		48	55	75	100	125
工长	工时	584	703	791	902	1012
高级工	工时	2805	3373	3796	4329	4859
中级工	工时	7128	8573	9649	11002	12350
初级工	工时	1169	1405	1582	1803	2025
合计	工时	11686	14054	15818	18036	20246
钢板	kg	212	272	340	425	501
型钢	kg	341	437	545	678	798
电焊条	kg	106	137	170	211	249
油漆	kg	58	74	92	113	134
破布	kg	50	65	81	99	118
汽油 70#	kg	100	130	162	200	237
橡胶板	kg	47	61	75	93	109
氧气	m^3	234	300	373	467	550
乙炔气	m^3	105	135	168	210	248
木材	m^3	0.8	1.1	1.2	1.4	1.7
电	kWh	1860	2370	2950	3680	4340
其他材料费	%	18	18	18	18	20
桥式起重机	台时	66	75	94	122	131
电焊机 20~30kVA	台时	92	123	140	195	216
车床 Φ400~600	台时	61	72	102	113	123
刨床 B650	台时	47	51	61	72	82
摇臂钻床 Φ50	台时	41	47	51	61	72
其他机械费	%	18	18	18	18	20
定额编号		04006	04007	04008	04009	04010

续表

项目	单位	设备自重（t）			
		150	175	200	300
工长	工时	1124	1202	1281	1530
高级工	工时	5395	5772	6148	7344
中级工	工时	13712	14669	15627	18666
初级工	工时	2247	2405	2562	3060
合计	工时	22478	24048	25618	30600
钢板	kg	563	711	836	1244
型钢	kg	897	1133	1334	1987
电焊条	kg	280	354	417	622
油漆	kg	150	189	222	352
破布	kg	133	167	196	292
汽油 70#	kg	265	334	393	584
橡胶板	kg	122	154	182	250
氧气	m^3	674	781	888	1600
乙炔气	m^3	303	351	400	720
木材	m^3	1.9	2.3	2.7	4.5
电	kWh	4870	6160	7260	11500
其他材料费	%	20	20	20	20
桥式起重机	台时	150	168	188	281
电焊机 20～30kVA	台时	246	308	360	524
车床 Φ400～600	台时	134	140	175	257
刨床 B650	台时	92	113	134	195
摇臂钻床 Φ50	台时	82	98	113	175
其他机械费	%	20	20	20	20
定额编号		04011	04012	04013	04014

四－2 电动机

单位：台

项目	单位	设备自重（t）		
		18	25	42
工长	工时	104	157	304
高级工	工时	499	752	1458
中级工	工时	1269	1910	3707
初级工	工时	209	313	608
合计	工时	2081	3132	6077
钢板	kg	25	35	59
型钢	kg	45	63	105
电焊条	kg	15	21	35
焊锡	kg	10	14	23
焊锡膏	kg	1	1.4	2.3
石棉布	kg	7	10	16
油漆	kg	23	32	54
破布	kg	12	17	28
汽油 70#	kg	17	24	40
氧气	m^3	24	33	56
乙炔气	m^3	10	14	24
木材	m^3	0.5	0.7	1.2
酒精 500g	瓶	6	8	15
黄蜡绸布带	卷	11	15	26
电	kWh	1820	2530	4270
其他材料费	%	20	20	20
桥式起重机	台时	33	37	61
电焊机 20～30kVA	台时	16	20	33
车床 Φ400～600	台时	17	26	41
刨床 B650	台时	20	31	47
摇臂钻床 Φ50	台时	16	20	36
空气压缩机 $9m^3/min$	台时	6	11	15
载重汽车 5t	台时	4	8	12
其他机械费	%	15	15	15
定额编号		04015	04016	04017

续表

项　　目	单位	设备自重（t）		
		45	130	200
工　　长	工时	525	841	1156
高 级 工	工时	2519	4036	5549
中 级 工	工时	6404	10260	14103
初 级 工	工时	1050	1682	2312
合　　计	工时	10498	16819	23120
钢　　板	kg	90	227	340
型　　钢	kg	160	403	603
电 焊 条	kg	53	134	200
焊　　锡	kg	35	88	132
焊 锡 膏	kg	3.5	9	14
石 棉 布	kg	24	60	90
油　　漆	kg	83	209	313
破　　布	kg	43	108	162
汽　　油 70#	kg	61	154	230
氧　　气	m^3	86	217	325
乙 炔 气	m^3	37	93	140
木　　材	m^3	1.8	4.5	6.7
酒　　精 500g	瓶	23	58	87
黄蜡绸布带	卷	40	100	150
电	kWh	6520	16410	24550
其他材料费	%	20	20	20
桥式起重机	台时	80	140	197
电 焊 机 20～30kVA	台时	51	128	190
车　　床 Φ400～600	台时	67	144	226
刨　　床 B650	台时	72	154	241
摇臂钻床 Φ50	台时	61	123	206
空气压缩机 $9m^3/min$	台时	24	54	84
载重汽车 5t	台时	20	33	50
其他机械费	%	15	15	15
定额编号		04018	04019	04020

第五章

进 水 阀 安 装

说　　明

一、本章包括蝴蝶阀、球阀及其他进水阀安装共两节。

二、本章不包括操作管路的管子、法兰及连接螺栓、阀门、管道器具及透平油的本身价值。

三、本章进水阀的油压装置按与机组调速系统的油压装置共用拟定，如采用单独的油压装置时，可套用第二章相应定额，并乘以1.1系数。

四、本章按桥式起重机吊装施工，其台时单价可按电站实际选用规格计算；若采用其他机具吊装施工时，人工定额乘以1.2系数。

五、蝴蝶阀安装

1.工作内容，包括活门组装、阀件安装、伸缩节安装焊接（不包括凑合节）、操作机构安装（操作柜、接力器、漏油槽及油泵电动机）、辅助设备安装（旁通阀、旁通管、空气阀）、操作管路配装（不包括系统主干管路）及调整试验。

2.本节以"台"为计量单位。

六、球阀及其他进水阀安装

1.工作内容，包括阀壳及阀件安装、操作机构及操作管路安装、其他附件安装及调整试验。

2.其他进水阀，是指安装在压力钢管上或作用于水轮机关闭止水直径大于600mm的各式主阀。

3.本节以"t"为计量单位，包括阀壳、阀体、操作机构及附件等全套设备的重量。

4.使用球阀安装定额时应根据球阀自重按表5－1系数进行调整：

表5－1

球阀自重(t)	≤10	11～12	13～14	15～16	17～18	19～20	>20
调 整 系 数	1.00	0.95	0.90	0.85	0.80	0.75	0.65

五－1 蝴蝶阀

单位:台

项目	单位	设备直径 (m)			
		1.25	1.75	2	2.8
工长	工时	97	135	157	211
高级工	工时	389	540	629	845
中级工	工时	1147	1593	1856	2494
初级工	工时	311	432	504	676
合计	工时	1944	2700	3146	4226
钢板	kg	128	200	235	333
型钢	kg	159	249	295	416
电焊条	kg	29	40	53	66
油漆	kg	9	14	16	22
破布	kg	10	15	18	25
香蕉水	kg	3	4	5	7
汽油 70#	kg	27	41	49	69
煤油	kg	5	7	10	14
透平油	kg	13	20	25	36
黄油	kg	11	17	20	25
氧气	m^3	17	27	32	45
乙炔气	m^3	7	12	14	19
木材	m^3	0.1	0.1	0.2	0.2
电	kWh	580	910	1080	1520
其他材料费	%	18	18	18	20
桥式起重机	台时	18	23	28	47
电焊机 20～30kVA	台时	26	36	47	57
车床 Φ400～600	台时	7	10	13	20
刨床 B650	台时	10	10	16	26
摇臂钻床 Φ50	台时	6	6	7	16
载重汽车 5t	台时			1	2
其他机械费	%	15	15	15	18
定额编号		05001	05002	05003	05004

续表

项　　目	单位	设备直径（m）			
		3.4	4.0	4.6	5.3
工　长	工时	259	267	311	352
高级工	工时	1035	1070	1243	1410
中级工	工时	3054	3157	3666	4159
初级工	工时	829	856	994	1128
合　计	工时	5177	5350	6214	7049
钢　板	kg	406	483	562	652
型　钢	kg	508	606	704	816
电焊条	kg	82	98	112	140
油　漆	kg	28	33	38	45
破　布	kg	32	37	45	57
香蕉水	kg	10	12	14	16
汽　油 70#	kg	85	101	117	136
煤　油	kg	17	20	23	28
透平油	kg	43	52	60	70
黄　油	kg	32	38	43	51
氧　气	m^3	55	66	76	87
乙炔气	m^3	23	28	32	37
木　材	m^3	0.2	0.3	0.3	0.4
电	kWh	1860	2220	2590	2990
其他材料费	%	20	20	20	20
桥式起重机	台时	61	75	85	94
电焊机 20～30kVA	台时	72	87	102	123
车　床 Φ400～600	台时	26	31	36	41
刨　床 B650	台时	31	41	47	51
摇臂钻床 Φ50	台时	20	26	31	36
载重汽车 5t	台时	4	6	7	8
其他机械费	%	18	18	18	18
定额编号		05005	05006	05007	05008

五－2 球阀及其他进水阀

单位：t

项　　目	单位	设备名称及规格			
		球　阀	针形阀	楔形阀	其他进水阀
工　长	工时	18	17	17	17
高级工	工时	71	66	69	68
中级工	工时	208	195	204	199
初级工	工时	56	53	56	54
合　计	工时	353	331	346	338
钢　板	kg	23	20	22	21
型　钢	kg	41	40	39	36
电焊条	kg	8	8	8	8
油　漆	kg	4	3	3	3
破　布	kg	2	1	1	1
香蕉水	kg	2	1	2	1
汽　油 70#	kg	5	4	4	4
煤　油	kg	1	1	1	1
透平油	kg	2	2	2	2
氧　气	m^3	5	4	4	4
乙炔气	m^3	2	2	2	2
电	kWh	150	140	150	140
其他材料费	%	18	18	20	20
桥式起重机	台时	4	3	3	3
电焊机 20～30kVA	台时	7	7	7	7
车　床 Φ400～600	台时	2	2	2	2
刨　床 B650	台时	3	2	2	2
摇臂钻床 Φ50	台时	4	4	3	3
汽车起重机 16t	台时	0.2	0.2	0.2	0.2
载重汽车 5t	台时	0.5	0.5	0.5	0.5
其他机械费	%	14	14	16	16
定额编号		05009	05010	05011	05012

第六章

水力机械辅助设备安装

说　明

一、本章包括辅助设备、系统管路、机组管路安装共三节。

二、工作内容

1.辅助设备安装,包括机座及基础螺栓安装、机体分解清扫安装、电动机就位安装联轴、附件安装、单机试运转。

2.管路安装,包括管路的煨弯切割,弯头、三通、异径管的制作安装,法兰的焊接安装,阀门、表计等器具安装,管路安装、试压、涂漆,管路支架及管卡子的制作安装。

三、本章定额不包括

1.辅助设备安装中电动机就位以外的电气设备安装、接线、干燥和试验,设备基础支架的制作安装(按小型金属结构构件定额另行计算)。

2.管路安装中管路防凝结水防护层的安装。

未计价材料,包括管子、法兰、连接螺栓、阀门、表计及过滤器。

四、辅助设备安装

1.本节适用于电动空气压缩机、各型离心泵、深井水泵、油泵及真空泵等设备的安装。

2.本节以"t"为计量单位。

3.油泵及真空泵安装,套用泵类定额时人工定额乘1.2系数。

4.滤水器安装,套用其他金属结构的容器安装。

5.计算设备重量时应包括机座、机体、附件及电动机的全部重量。

五、系统管路安装

1.本节适用于电站油、水、气系统的主干管及连接辅助设备的管路。

2.本节以“1000m”为计量单位,按管子公称直径选用子目。

六、机组管路安装

1.本节包括除系统管路及随机到货的管路以外的自水轮机吸出管底面高程以上,主厂房间隔内机组段的全部明敷和埋设的油、水、气管路及仪表器具等安装。

2.本节以主机“台”为计量单位,按水轮发电机定子铁芯外径及环形水管公称直径选用子目。

六－1 辅助设备

单位:t

项目	单位	设备名称	
		空气压缩机	泵类
工长	工时	15	10
高级工	工时	59	42
中级工	工时	162	115
初级工	工时	59	42
合计	工时	295	209
钢板	kg	11	7
型钢	kg	9	9
电焊条	kg	6	1.3
油漆	kg	4	2
破布	kg	2	2
白布	m^2	8	
汽油 70#	kg	7	3
机油	kg	3	
黄油	kg	3	1
酒精 500g	瓶	4	
氧气	m^3		3
乙炔气	m^3		1.3
电	kWh	80	30
其他材料费	%	10	15
电焊机 20～30kVA	台时	9	3
车床 Φ400～600	台时		3
刨床 B650	台时		4
摇臂钻床 Φ50	台时		3
其他机械费	%	15	6
定额编号		06001	06002

六－2 系统管路

单位：1000m

项目	单位	公称直径（mm）			
		25	40	50	70
工长	工时	167	184	202	265
高级工	工时	668	735	806	1060
中级工	工时	1838	2022	2218	2914
初级工	工时	668	735	806	1060
合计	工时	3341	3676	4032	5299
钢管	kg	(2534)	(4470)	(4759)	(7519)
阀门	kg	(568)	(1001)	(1066)	(1684)
附件	kg	(791)	(1395)	(1485)	(2346)
钢管	kg	76	86	158	206
型钢	kg	383	431	790	1029
电焊条	kg	24	27	50	65
油漆	kg	51	57	104	136
破布	kg	27	30	55	72
汽油 70#	kg	105	118	216	281
机油	kg	9	10	18	23
石棉橡胶板	kg	12	14	25	32
氧气	m^3	98	110	202	263
乙炔气	m^3	32	36	67	87
其他材料费	%	20	20	20	20
桥式起重机 5t	台时			14	18
电焊机 20～30kVA	台时	26	26	77	102
弯管机 Φ300	台时	10	10	31	41
空气压缩机 9m^3/min	台时	6	12	35	47
其他机械费	%	12	12	12	12
定额编号		06003	06004	06005	06006

续表

项目	单位	公称直径(mm)			
		100	150	200	250
工长	工时	369	564	950	1382
高级工	工时	1475	2258	3802	5530
中级工	工时	4054	6210	10454	15206
初级工	工时	1475	2258	3802	5530
合计	工时	7373	11290	19008	27648
钢管	kg	(10568)	(17665)	(32466)	(48008)
阀门	kg	(2367)	(3957)	(7272)	(10754)
附件	kg	(3297)	(5511)	(10129)	(14978)
钢管	kg	263	356	543	653
型钢	kg	1316	1780	2714	3266
电焊条	kg	83	110	168	202
油漆	kg	174	233	356	428
破布	kg	92	121	185	223
汽油 70#	kg	359	480	732	881
机油	kg	29	41	62	75
石棉橡胶板	kg	41	55	83	100
氧气	m^3	336	453	690	830
乙炔气	m^3	111	151	230	277
其他材料费	%	20	20	20	20
桥式起重机 5t	台时	23	37	66	94
电焊机 20~30kVA	台时	128	226	375	524
弯管机 Φ300	台时	47	77	128	
空气压缩机 $9m^3$/min	台时	60	107	173	238
载重汽车 5t	台时				59
其他机械费	%	12	12	12	12
定额编号		06007	06008	06009	06010

续表

项　　目	单位	公称直径（mm）			
		300	350	400	450
工　　长	工时	1544	1958	2322	2788
高 级 工	工时	6175	7834	9285	11151
中 级 工	工时	16980	21542	25534	30667
初 级 工	工时	6175	7834	9285	11151
合　　计	工时	30874	39168	46426	55757
钢　　管	kg	(80010)	(93225)	(105668)	(118883)
阀　　门	kg	(17922)	(20882)	(23670)	(26630)
附　　件	kg	(24963)	(29086)	(32963)	(37091)
钢　　管	kg	753	953	1136	1343
型　　钢	kg	3764	4765	5679	6714
电 焊 条	kg	232	294	350	414
油　　漆	kg	493	624	744	879
破　　布	kg	257	324	386	456
汽　　油 70#	kg	1015	1258	1532	1811
机　　油	kg	87	110	131	155
石棉橡胶板	kg	116	147	175	207
氧　　气	m^3	958	1213	1446	1709
乙 炔 气	m^3	319	404	481	569
其他材料费	%	20	20	20	20
桥式起重机 5t	台时	108	136	159	188
电　焊　机 20~30kVA	台时	605	764	909	1078
空气压缩机 $9m^3$/min	台时	273	345	411	488
载 重 汽 车 5t	台时	67	84	100	116
其他机械费	%	12	12	12	12
定 额 编 号		06011	06012	06013	06014

续表

项目	单位	公称直径（mm）			
		500	600	700	800
工长	工时	3220	3721	4159	4660
高级工	工时	12879	14884	16635	18639
中级工	工时	35419	40930	45745	51259
初级工	工时	12879	14884	16635	18639
合计	工时	64397	74419	83174	93197
钢管	kg	(157899)	(189396)	(217639)	(289471)
阀门	kg	(35369)	(42425)	(48751)	(64842)
附件	kg	(49264)	(59092)	(67903)	(90315)
钢管	kg	1554	1976	2268	2671
型钢	kg	7768	9878	11340	13353
电焊条	kg	477	606	696	820
油漆	kg	1017	1293	1484	1747
破布	kg	530	674	774	913
汽油 70#	kg	2095	2664	3058	3600
机油	kg	180	229	263	309
石棉橡胶板	kg	239	304	349	411
氧气	m^3	1977	2514	2886	3398
乙炔气	m^3	658	837	961	1144
其他材料费	%	20	20	20	20
桥式起重机 5t	台时	216	276	338	370
电焊机 20～30kVA	台时	1253	1591	1935	2125
空气压缩机 $9m^3/min$	台时	565	720	875	977
载重汽车 5t	台时	133	171	208	237
其他机械费	%	12	12	12	12
定额编号		06015	06016	06017	06018

六－3 机组管路

单位:台

项目	单位	环形水管直径(mm)/发电机定子铁芯外径(mm)			
		50/≤2500	50/≤3250	75/≤2500	75/≤3250
工长	工时	105	140	212	248
高级工	工时	420	560	848	989
中级工	工时	1157	1541	2333	2720
初级工	工时	420	560	848	989
合计	工时	2102	2801	4241	4946
钢板	kg	137	183	274	320
型钢	kg	398	530	795	927
电焊条	kg	25	33	50	58
油漆	kg	47	63	94	110
破布	kg	21	28	42	49
汽油 70#	kg	21	28	42	49
机油	kg	6	8	12	14
黄油	kg	3	4	6	7
石棉橡胶板	kg	13	17	26	30
酒精 500g	瓶	9	12	18	21
氧气	m^3	39	52	78	91
乙炔气	m^3	17	23	34	40
其他材料费	%	18	18	18	18
桥式起重机 5t	台时	9	13	18	21
电焊机 20~30kVA	台时	36	47	70	81
弯管机 Φ300	台时	16	20	31	36
空气压缩机 $9m^3$/min	台时	12	16	23	27
载重汽车 5t	台时	4	6	8	9
摇臂钻床 Φ50	台时	10	14	20	23
其他机械费	%	8	8	8	8
定额编号		06019	06020	06021	06022

续表

项目	单位	环形水管直径(mm)/发电机定子铁芯外径(mm)			
		100/≤4250	100/≤5500	100/>5500	150/≤5500
工长	工时	319	354	390	598
高级工	工时	1274	1416	1558	2393
中级工	工时	3505	3892	4284	6582
初级工	工时	1274	1416	1558	2393
合计	工时	6372	7078	7790	11966
钢板	kg	411	456	502	682
型钢	kg	1192	1324	1457	1980
电焊条	kg	74	82	91	123
油漆	kg	141	157	172	234
破布	kg	63	70	77	105
汽油 70#	kg	63	70	77	105
机油	kg	18	20	22	30
黄油	kg	9	10	11	15
石棉橡胶板	kg	39	43	47	64
酒精 500g	瓶	27	30	33	45
氧气	m^3	117	130	143	194
乙炔气	m^3	51	57	62	85
其他材料费	%	18	18	18	18
桥式起重机 5t	台时	27	30	33	35
电焊机 20~30kVA	台时	104	115	126	136
弯管机 Φ300	台时	47	51	57	60
空气压缩机 $9m^3/min$	台时	34	38	42	45
载重汽车 5t	台时	12	13	14	15
摇臂钻床 Φ50	台时	30	33	36	38
其他机械费	%	8	8	8	8
定额编号		06023	06024	06025	06026

续表

项目	单位	环形水管直径(mm)/发电机定子铁芯外径(mm)			
		150/≤6000	150/≤8540	150/>8540	200/≤8540
工长	工时	631	675	798	1063
高级工	工时	2526	2701	3191	4254
中级工	工时	6946	7430	8775	11698
初级工	工时	2526	2701	3191	4254
合计	工时	12629	13507	15955	21269
钢板	kg	716	803	905	1206
型钢	kg	2089	2343	2640	3517
电焊条	kg	130	145	163	217
油漆	kg	247	277	312	415
破布	kg	110	123	138	184
汽油 70#	kg	110	123	138	184
机油	kg	32	35	39	52
黄油	kg	16	18	20	27
石棉橡胶板	kg	65	73	82	109
酒精 500g	瓶	47	52	58	77
氧气	m^3	205	230	259	344
乙炔气	m^3	90	100	112	149
其他材料费	%	18	18	18	18
桥式起重机 5t	台时	75	89	110	123
电焊机 20~30kVA	台时	293	345	428	483
弯管机 Φ300	台时	130	153	190	215
空气压缩机 $9m^3/min$	台时	96	113	140	158
载重汽车 5t	台时	32	38	47	53
摇臂钻床 Φ50	台时	83	98	121	136
其他机械费	%	8	8	8	8
定额编号		06027	06028	06029	06030

续表

项目	单位	环形水管直径(mm)/发电机定子铁芯外径(mm)			
		200/≤12000	200/>12000	250/≤8540	250/≤12000
工长	工时	1163	1263	1315	1381
高级工	工时	4653	5052	5262	5524
中级工	工时	12794	13891	14470	15190
初级工	工时	4653	5052	5262	5524
合计	工时	23263	25258	26309	27619
钢板	kg	1319	1432	1507	1582
型钢	kg	3847	4176	4395	4615
电焊条	kg	237	257	270	283
油漆	kg	454	493	519	545
破布	kg	201	218	229	240
汽油 70#	kg	201	218	229	240
机油	kg	57	62	65	68
黄油	kg	29	31	33	34
石棉橡胶板	kg	119	129	135	141
酒精 500g	瓶	84	91	95	99
氧气	m^3	376	408	429	450
乙炔气	m^3	163	177	186	195
其他材料费	%	18	18	18	18
桥式起重机 5t	台时	136	150	157	165
电焊机 20~30kVA	台时	538	584	615	644
弯管机 Φ300	台时	239	259	272	286
空气压缩机 $9m^3$/min	台时	175	190	200	209
载重汽车 5t	台时	59	63	67	70
摇臂钻床 Φ50	台时	151	164	172	180
其他机械费	%	8	8	8	8
定额编号		06031	06032	06033	06034

续表

项目	单位	环形水管直径(mm)/发电机定子铁芯外径(mm)		
		250/≤16000	250/>16000	300/≤9000
工长	工时	1480	1568	1611
高级工	工时	5918	6273	6445
中级工	工时	16276	17249	17726
初级工	工时	5918	6273	6445
合计	工时	29592	31363	32227
钢板	kg	1695	1796	1807
型钢	kg	4945	5242	5274
电焊条	kg	303	321	323
油漆	kg	584	619	623
破布	kg	257	272	274
汽油 70#	kg	257	272	273
机油	kg	72	76	76
黄油	kg	36	38	38
石棉橡胶板	kg	151	160	161
酒精 500g	瓶	106	112	113
氧气	m^3	482	511	514
乙炔气	m^3	209	221	222
其他材料费	%	18	18	18
桥式起重机 5t	台时	177	188	189
电焊机 20~30kVA	台时	691	732	734
弯管机 Φ300	台时	305	324	326
空气压缩机 $9m^3/min$	台时	224	238	239
载重汽车 5t	台时	75	79	80
摇臂钻床 Φ50	台时	193	206	206
其他机械费	%	8	8	8
定额编号		06035	06036	06037

续表

项目	单位	环形水管直径(mm)/发电机定子铁芯外径(mm)		
		300/≤13000	300/≤17000	300/>17000
工长	工时	1679	1846	1998
高级工	工时	6715	7384	7991
中级工	工时	18465	20308	21973
初级工	工时	6715	7384	7991
合计	工时	33574	36922	39953
钢板	kg	1882	2070	2239
型钢	kg	5494	6043	6538
电焊条	kg	336	369	399
油漆	kg	649	714	772
破布	kg	285	313	338
汽油 70#	kg	284	312	337
机油	kg	79	87	94
黄油	kg	40	44	47
石棉橡胶板	kg	167	183	198
酒精 500g	瓶	117	129	139
氧气	m^3	535	588	636
乙炔气	m^3	231	254	275
其他材料费	%	18	18	18
桥式起重机 5t	台时	196	216	233
电焊机 20~30kVA	台时	764	841	910
弯管机 Φ300	台时	339	373	403
空气压缩机 $9m^3$/min	台时	249	273	296
载重汽车 5t	台时	80	91	99
摇臂钻床 Φ50	台时	215	236	255
其他机械费	%	8	8	8
定额编号		06038	06039	06040

第七章

电气设备安装

说　明

一、本章包括发电电压设备、控制保护系统、直流系统、厂用电系统安装，电缆、母线、接地装置、保护网及铁构件制作安装等共八节。

二、发电电压设备安装

1.本节包括发电机中性点设备、发电机定子主引出线至主变压器低压套管间电气设备及分支线的电气设备安装，并包括间隔（穿通）板的制作安装。

2.设备安装：

(1)工作内容，包括搬运、开箱检查、基础埋设、设备本体、附件及操作机构的安装、调整、接线、刷漆、滤油、注油、接地连接及配合试验。

(2)本定额不包括互感器、断路器的端子箱制作安装及设备构（框、支）架的制作安装。

(3)有操作机构的设备安装，按一段式编制，如增加一段按另加“延长轴配置增加”定额计算。

(4)消弧线圈的安装，可套用本章同等级同容量的电力变压器安装定额。

3.间隔（穿通）板制作安装，包括领料、搬运、平直下料、钻孔、焊接组装、安装固定、刷漆及接地等工作内容。

三、控制保护系统安装

1.本节包括控制保护屏（台）、端子箱、电器仪表、小母线、屏边（门）安装。

2.控制保护屏（台）柜安装：

(1)工作内容，包括搬运、开箱检查、安装固定、二次配线、对线、接线、交送试验的器具、电器、表计及继电器等附件的拆装，端子及端子板安装，盘内整理、编号、写表签框、接地及配合试验。

(2)本节定额中控制保护屏系指发电厂控制、保护、弱电控制、返回励磁、温度巡检、直流控制、充电屏等。

3.端子箱、电器仪表、小母线安装，包括领料、搬运、平直、下料、钻孔、焊接、刷漆、基础埋设、安装固定、接线、对线、编号、写表签框及接地等内容。

4.不包括的工作内容：

(1)二次喷漆及喷字。

(2)电器具设备干燥。

(3)设备基础槽钢、角钢的制作。

(4)焊压接线端子。

(5)端子排外部接线。

未计价材料，包括小母线、支持器、紧固件、基础型钢及地脚螺栓。

四、直流系统安装

1.本节包括蓄电池支架、穿通板组合、绝缘子、圆母线、蓄电池本体及蓄电池充放电等的安装。

2.工作内容：

(1)蓄电池支架安装，包括检查、搬运、刷耐酸漆、装玻璃垫、瓷柱和支柱，不包括支架的制作及干燥，应按成品价计列。

(2)穿通板组合安装，包括框架、铅垫、穿通板组合安装、装瓷套管和铜螺栓、刷耐酸漆。

(3)绝缘子、圆母线安装，包括母线平直、煨弯、焊接头、镀锡、安装固定、刷耐酸漆。

(4)蓄电池本体安装，包括开箱检查、清洗、组合安装、焊接接线、注电解液、盖玻璃板。

(5)蓄电池充放电定额，包括直流回路检查、初充电、放电再充电、测试、调整及记录技术数据。

3.蓄电池充放电定额中的容器、电极板、盖隔板、连接铅条、焊接条、紧固螺栓、螺母、垫圈均按设备随带附件考虑。

4.弱电如在以上电压等级抽头时,安装费不另计。

未计价材料,包括穿通板、穿墙套管、母线、绝缘子、电缆、电解液等。

五、厂用电系统安装

1.本节包括厂用电力变压器、高压开关柜、低压动力配电(控制)盘、柜、箱、低压电器以及接线箱、盒的安装。厂坝区馈电工程、排灌站供电工程设备安装可套用本节相应定额。

2.厂用电力变压器安装:

(1)工作内容,包括搬运、开箱检查、附件清扫、吊芯检查清扫、做密封检查、本体及附件安装、注油、接地连接及补漆。干燥包括干燥维护、干燥用机具装拆、检查、记录、整理、清扫收尾及注油。

(2)本定额不包括变压器干燥棚的搭拆、瓦斯继电器的解体检查及试验(已包括在电力变压器电气调整内)、变压器铁梯及母线铁构件的制作安装、油样的试验、化验及色谱分析和二次喷漆等内容。

(3)干式电力变压器安装,按相同等级、容量的定额乘以0.7系数。

3.高压开关柜:

(1)工作内容,包括搬运、开箱检查、安装固定、油开关及电压互感器的解体检查、放注油、隔离开关触头检查、调整、柜上母线组装、刷分相漆、仪表拆装及检验、二次回路配线、接线及油过滤等。

(2)本定额不包括设备基础型钢的制作安装、设备二次喷漆和过桥母线安装。

4.低压配电盘、动力配电(控制)箱安装:

(1)工作内容,包括搬运、开箱检查、安装固定、盘内电器和仪表及附件的拆装、母线及支母线安装、配线、接线、对线、开关及操作机构调整、接地、配合试验,动力配电(控制)箱还包括打眼、埋螺栓或基础型钢埋设工作。

(2)本定额不包括设备基础型钢制作安装、盘箱内的设备元件安装及配线和二次设备喷漆等。

5.低压电器安装,包括搬运、开箱检查、基础埋设、设备安装固定、配线、连接、接地连接、配合试验。空气开关还包括操作机构调整工作等内容。

6.接线箱、盒安装:

(1)工作内容,包括测位、钻孔、埋螺栓、接线箱开孔、刷漆、固定。

(2)本定额根据不同地点、位置综合拟定,使用时不作调整。

六、电缆安装

1.本节包括电缆管制作安装、电缆敷设、电缆头制作安装等内容。

2.电缆管制作安装,包括领料、搬运、煨管配制、安装固定、接地、临时封堵、刷漆等。电缆管敷设是按不同地点、位置及各种方法综合拟定的,使用时(除另有注明外)均不作调整。

3.电缆架制作安装,包括领料、搬运、下料、放样做模具、组装焊接、油漆、基础埋设、安装、补漆等。

4.电缆敷设,包括领料、搬运、外表及绝缘检查、放电缆、锯割、封头、固定、整理、刷漆、挂电缆牌等。穿管敷设还包括管子清扫。电缆敷设是按不同地点、位置及各种方法综合拟定的,使用时(除另有注明外)均不作调整。

37芯以下控制电缆敷设套用35mm^{2}以下电力电缆敷设定额。

电缆敷设均按铝芯电缆考虑,如铜芯电缆敷设按相应截面定额的人工和机械乘以1.4系数。

电缆敷设定额中均未考虑波形增加长度及预留等富余长度,

该长度应按基本长度计算。

本节定额不包括电缆的防火工程,应另行考虑。

5.电缆头制作安装,指10kV及以下电力电缆和控制电缆终端接头及中间接头制作安装。包括电缆检查、定位、量尺寸、锯割、剥切、焊接地线、套绝缘管、缠涂(包缠)绝缘层、压接线端子、装外壳(终端盒或手套)、配料、清理、安装固定等工作内容。

电缆头制作安装均按铝芯电缆考虑,如铜芯电缆电缆头制作安装按相应定额乘以1.2系数。

未计价材料,包括电缆终端盒和中间接头联接盒等。

七、母线制作安装

1.本节包括户内支持绝缘子、穿墙套管、母线、母线伸缩节(补偿器)等制作安装。

2.工作内容:

(1)户内支持绝缘子、穿墙套管安装,包括搬运、开箱检查、钻孔、安装固定、刷漆、接地、配合试验。不包括固定支持绝缘子及穿墙套管的金属结构件制作安装,应另套有关定额。

未计价材料,包括绝缘子、穿墙套管。

(2)铝母线(带形、槽形、封闭母线)制作安装,包括搬运、平直、下料、煨弯、钻孔、焊接、母线连接、安装固定、上夹具、接头、刷分相漆。

母线在高于10m的竖井内安装时,人工定额乘以1.8系数。

带形铜母线安装,按相应人工定额乘以1.4系数。

未计价材料为母线。

(3)母线伸缩节(补偿器)安装,包括钻孔、锉面、挂锡、安装。伸缩节本身按成品考虑。以每相一个接头为计量单位。

八、接地装置制作安装

1.本节包括接地极的制作安装,接地母线敷设等。

2.工作内容:

(1)接地极的制作安装,包括领料、搬运、接地极加工制作、打入地下及与接地母线连接。

(2)接地母线敷设,包括搬运、母线平直、煨弯、接地卡子、制作、打眼、埋卡子、敷设、固定、焊接及刷黑漆等。

3.本节定额不包括:

(1)接地沟开挖、回填、夯实。

(2)接地系统电阻测试。

九、保护网、铁构件制作安装

1.保护网

(1)工作内容,包括领料、搬运、平直、下料、加工制作、组装、焊接固定、隔磁材料安装、刷漆、接地。

(2)本定额不包括支持保护网网框外的钢构架,其制作安装另套用相应定额。

(3)本定额以“m^2”为计量单位。

未计价材料,包括金属网、网框架用的型钢及基础钢材。

2.铁构件

(1)本定额适用于本章电气设备及装置安装所需钢支架基础的制作安装,也适用于电缆架、电缆桥钢支架的制作安装。

(2)工作内容,包括领料、搬运、平直、划线、下料、钻孔、组装、焊接、安装、刷漆。

(3)本定额以“t”为计量单位。

七－1　发电电压设备

(1)互感器(10～20kV)

单位:台

项目	单位	电压互感器	电流互感器 (A)			
			≤1000	≤2000	≤8000	≤15000
工长	工时	0.6	0.4	0.4	0.6	0.8
高级工	工时	2.9	1.8	2.2	2.9	3.9
中级工	工时	4.8	3	3.6	4.8	6.5
初级工	工时	1.3	0.8	1	1.3	1.8
合计	工时	9.6	6	7.2	9.6	13
镀锌扁钢	kg	3	2	3	5	7
垫铁	kg	1			1	1.5
焊锡	kg	0.5			0.1	0.1
电焊条	kg	0.1	0.1	0.1	0.2	0.3
调合漆	kg	0.2	0.1	0.1	0.3	0.3
镀锌螺栓 M12×70	套	4.1	4.1	4.1	4.1	4.1
汽油 70#	kg		0.2	0.2	0.5	1.1
防锈漆	kg	0.1	0.1	0.1	0.3	0.3
变压器油	kg					0.5
其他材料费	%	12	12	12	12	12
电焊机 20～30kVA	台时	0.3	0.3	0.3	0.3	0.6
其他机械费	%	10	10	10	10	10
定额编号		07001	07002	07003	07004	07005

(2)熔断器、避雷器

单位:组

项　　目	单位	熔断器(户内)	避雷器 阀式	避雷器 磁吹
工长	工时	0.6	0.6	0.4
高级工	工时	2.9	2.9	2.2
中级工	工时	4.8	4.8	3.6
初级工	工时	1.3	1.3	1
合计	工时	9.6	9.6	7.2
镀锌扁钢	kg	3	1.5	1.5
垫铁	kg	1		
焊锡	kg		0.2	
电焊条	kg	0.2	0.1	0.3
调合漆	kg	0.1	0.1	0.2
镀锌螺栓 M12×140	套	6.1	11	9.2
汽油 70#	kg	0.1		0.2
防锈漆	kg	0.1		0.2
电力复合酯	kg	0.1		0.2
裸铜线 35mm²	m	1.5	1.5	
焊锡膏	kg		0.1	
其他材料费	%	15	15	15
电焊机 20~30kVA	台时	0.6	0.6	0.6
其他机械费	%	10	10	10
定额编号		07006	07007	07008

(3)断路器(10~20kV)

单位:组(台)

项　　目	单位	多油断路器(台)
工　　长	工时	1.6
高 级 工	工时	7.8
中 级 工	工时	13
初 级 工	工时	3.6
合　　计	工时	26
镀锌扁钢	kg	3
垫　　铁	kg	1.5
镀锌螺栓 M12×75	套	4.1
M16×60	套	4.1
防 锈 漆	kg	0.2
调 合 漆	kg	0.1
汽　　油 70#	kg	0.5
电 焊 条	kg	0.3
其他材料费	%	15
汽车起重机 5t	台时	0.5
载重汽车 5t	台时	1.1
电 焊 机 20~30kVA	台时	0.7
其他机械费	%	10
定额编号		07009

续表

项目	单位	少油断路器					延长轴配置增加
		≤1000	≤3000	≤6000	≤8000	>8000	
工长	工时	2.7	6	13	15	18	0.4
高级工	工时	14	29	69	74	90	2.2
中级工	工时	23	49	115	124	151	3.6
初级工	工时	6.3	14	32	35	42	1
合计	工时	46	98	229	248	301	7.2
镀锌扁钢	kg	2	2.5	2.5	2.5	5	4.1
垫铁	kg	1.5	1.5	6.9	6.9	7.6	
变压器油	kg	3	4	6	6	8	
镀锌螺栓 M12×75	套	4.1					
M16×60	套	4.1					
M20×250	套		4.1	4.1			
M22×250	套		4.1	10			
M22×300	套				10	10	
M26×300	套				4.1	4.1	4.1
钢管	kg		5	13	24	30	
防锈漆	kg	0.2	0.3	0.8	1	1.2	
调合漆	kg	0.1	0.2	0.8	1	1.2	
汽油	kg	0.5	0.5	1	1.5	2	
电焊条	kg	0.3	0.5	0.7	1	1.5	
其他材料费	%	15	15	15	15	15	30
载重汽车 5t	台时	1.1	1.1	1.1	1.6	2.6	
电焊机 20~30kVA	台时	0.7	1.1	1.7	2.2	2.8	
普通车床 400×1000	台时						2.8
其他机械费	%	10	10	10	10	10	10
定额编号		07010	07011	07012	07013	07014	07015

(4)隔离开关(10~20kV)

单位:组

项目	单位	电流 (A)				
		≤600	≤2000	≤4000	≤8000	≤13000
工长	工时	1	1.6	4	5	6
高级工	工时	5.8	7.9	20	24	31
中级工	工时	9.6	13	33	39	52
初级工	工时	2.6	3.5	9	11	15
合计	工时	19	26	66	79	104
镀锌扁钢	kg	2.5	3.5	5	7	10
垫铁	kg	1.5	1.5	5	6	8
钢管	kg	5	5	7	7	7
镀锌螺栓 M12×200	套	12			4.1	4.1
M14×75	套				4.1	4.1
M16×250	套		12	24		
M20×250	套				12	12
电焊条	kg	0.3	0.3	1	1.3	2
防锈漆	kg	0.1	0.1	0.3	0.5	0.5
调合漆	kg	0.2	0.2	0.3	0.3	0.5
汽油	kg	0.3	0.4	0.4	0.6	0.6
其他材料费	%	15	15	15	15	15
汽车起重机 5t	台时				0.3	0.5
载重汽车 5t	台时				0.3	0.5
电焊机 20~30kVA	台时	1.7	1.7	2.2	2.8	2.8
其他机械费	%	10	10	10	10	10
定额编号		07016	07017	07018	07019	07020

(5)穿通(间隔)板制作安装

单位:m^2

项　　目	单位	石棉水泥板	塑料板	环氧树脂板	钢　板
工　　长	工时	3	2	4	2
高 级 工	工时	14	10	22	12
中 级 工	工时	23	16	36	20
初 级 工	工时	6	5	10	6
合　　计	工时	46	33	72	40
镀锌扁钢	kg	5	5	7.2	
角　　钢	kg	27	27	57	27
钢　　板	m^2				(1.1)
石棉水泥板	m^2	(1.1)			
塑 料 板	m^2		(1.1)		
环氧树脂板	m^2			(1.1)	
镀锌螺栓 M12×70	套	25	25	25	25
电 焊 条	kg	1	1	1.2	1.2
防 锈 漆	kg	0.4	0.4	0.4	1.2
调 合 漆	kg	0.7	0.3	0.8	0.9
氧　　气	m^3				1.6
乙 炔 气	m^3				0.7
其他材料费	%	15	15	15	15
电 焊 机 20~30kVA	台时	2.5	2.5	3.6	3
其他机械费	%	10	10	10	10
定额编号		07021	07022	07023	07024

七－2 控制保护系统

(1)控制保护屏(台、柜)

单位:面(台)

项目	单位	控制保护屏	控制台		集中控制台	屏门	屏边
			≤1m	≤2m	≤4m		
工长	工时	2	2	4	8	0.3	0.1
高级工	工时	12	12	20	39	1.4	0.8
中级工	工时	20	20	33	66	2.4	1.2
初级工	工时	6	6	9	18	0.7	0.3
合计	工时	40	40	66	131	4.8	2.4
镀锌扁钢	kg	3	6	6	10		
垫铁	kg	1	1.5	1.5	12		
镀锌螺栓 M10×70	套	6.1	4.1	6.1			
M14×70	套					6.1	4.1
电焊条	kg	0.3	0.2	0.2	0.5		
胶木线夹	个	15	8	12	20		
塑料软管	kg	2	1	2	3		
塑料异形管 Φ5	个	8	8	15	20		
塑料带 20×40m	卷	0.5	0.3	0.6	1		
调合漆	kg	0.1	0.1	0.2	0.8	0.2	0.2
其他材料费	%	15	15	15	15		
电焊机 20~30kVA	台时	0.6	0.6	0.6	0.6		
汽车起重机 5t	台时	0.5	0.5	0.5	0.5		
载重汽车 5t	台时				0.5		
其他机械费	%	10	10	10	10		
定额编号		07025	07026	07027	07028	07029	07030

续表

项目	单位	可控硅柜 (kW)			模拟盘(宽度:m)	
		≤100	≤800	≤2000	≤1	≤2
工长	工时	4	6	8	5	8
高级工	工时	18	29	38	25	40
中级工	工时	31	48	63	41	66
初级工	工时	8	13	18	12	19
合计	工时	61	96	127	83	133
垫铁	kg	0.3	0.3	0.3	0.3	0.3
型钢	kg	1.5	1.5	1.5	1.5	1.5
镀锌螺栓 M12×70	套	6.1	6.1	6.1	6.1	6.1
胶木线夹	个	8	10	12	15	24
塑料软管	kg	0.5	1	1.5	1.5	2
塑料异形管 Φ5	个	12	24	36	12	20
塑料带 20×40m	卷	0.3	0.5	0.7	0.5	0.8
其他材料费	%	15	15	15	15	15
电焊机 20~30kVA	台时	0.6	0.6	1.1	0.6	0.8
汽车起重机 5t	台时	0.5	0.5	0.5	0.5	0.8
卷扬机 5t	台时	0.5	0.5	0.5	0.5	0.8
载重汽车 5t	台时	0.5	0.5	0.5	0.5	0.8
其他机械费	%	10	10	10	10	10
定额编号		07031	07032	07033	07034	07035

(2)端子箱、电器仪表、小母线

单位:个

项目	单位	端子箱		测量表计继电器	组合继电器	其他辅助电器	小母线(10m)
		户外	户内				
工长	工时	1.1	1	0.3	0.4	0.3	0.1
高级工	工时	5.7	5.1	1.4	1.8	1.4	0.7
中级工	工时	9.5	8.5	2.4	3	2.4	1.2
初级工	工时	2.7	2.4	0.7	0.8	0.7	0.4
合计	工时	19	17	4.8	6	4.8	2.4
电气仪表	个			(1)	(1)	(1)	
角钢	kg	9	2				
小母线	m						(10)
垫铁	kg	0.3					
镀锌扁钢	kg	3	1.5				
镀锌螺栓 M8×75	套	4.1	4.1			2	
M10×70	套						8.2
电焊条	kg	0.2	0.5				
防锈漆	kg		0.2				
调合漆	kg	0.3	0.4				
塑料软管 Φ5	m			4	6	1.5	
其他材料费	%	15	15	15	15	15	15
电焊机 20~30kVA	台时	0.6	1.1				
其他机械费	%	10	10				
定额编号		07036	07037	07038	07039	07040	07041

七－3　直流系统

(1)蓄电池支架安装

单位:m

项目	单位	单层		双层	
		单排式	双排式	单排式	双排式
工长	工时	0.2	0.4	0.5	0.8
高级工	工时	1.1	1.8	2.5	4.2
中级工	工时	1.8	3	4.2	7
初级工	工时	0.5	0.8	1.2	2
合计	工时	3.6	6	8.4	14
汽油	kg	0.1	0.2	0.2	0.3
耐酸漆	kg	0.3	0.4	0.4	0.6
玻璃垫 100×100×20	块			2	3
青油	kg	0.1	0.1	0.1	0.1
快干腻子	kg	0.1	0.1	0.1	0.2
其他材料费	%	15	15	15	15
定额编号		07042	07043	07044	07045

(2)穿通板组合安装

单位:块

项目	单位	16孔	23孔
工长	工时	1.5	2
高级工	工时	8	9
中级工	工时	12	16
初级工	工时	3.5	4
合计	工时	25	31
型钢	kg	14	16
镀锌螺栓 M12×70	套	16	16
双头铜螺栓 M12×210	个	16	
M20×200	个		24
铜螺母 M12	个	66	
M20	个		94
铜垫圈 12×20	个	48	70
铅垫圈 10	个	16	16
12~20	个	33	33
50	个	3.2	3.7
电焊条	kg	0.2	0.3
耐酸漆	kg	0.2	0.3
其他材料费	%	15	15
电焊机 20~30kVA	台时	0.6	0.7
其他机械费	%	10	10
定额编号		07046	07047

(3)绝缘子、圆母线安装

单位:10m

项目	单位	绝缘子	铜母线(mm)		钢母线(mm)	
		(10个)	Φ≤10	Φ≤20	Φ≤10	Φ≤20
工长	工时	0.6	0.4	0.5	0.5	0.7
高级工	工时	2.9	1.8	2.5	2.5	3.3
中级工	工时	4.8	3	4.2	4.2	5.5
初级工	工时	1.3	0.8	1.2	1.2	1.5
合计	工时	9.6	6	8.4	8.4	11
铜绑线Φ2.1	kg		0.3	0.4		
铁绑线Φ1.6	kg				0.1	0.1
铜焊条	kg		0.3	0.5		
气焊条	kg				0.3	0.5
氧气	m^3		0.5	0.7	0.5	0.7
乙炔气	m^3		0.2	0.3	0.2	0.3
焊锡	kg		0.1	0.1	0.1	0.1
耐酸漆	kg	0.1	0.2	0.3	0.2	0.4
其他材料费	%	15	15	15	15	15
定额编号		07048	07049	07050	07051	07052

(4)蓄电池(开口式)

单位:个

项　　目	单位	容　量（Ah 以下）			
		144	216	360	504
工　　长	工时	0.2	0.2	0.3	0.3
高 级 工	工时	0.7	1.1	1.4	1.6
中 级 工	工时	1.2	1.8	2.4	2.7
初 级 工	工时	0.3	0.5	0.7	0.8
合　　计	工时	2.4	3.6	4.8	5.4
纯 硫 酸	kg	4	5.8	6.8	8.4
蒸 馏 水	kg	7.1	9.6	12	15
铅 垫 圈	个	4.1	4.1	4.1	4.1
氧　　气	m^3	0.1	0.1	0.1	0.2
乙 炔 气	m^3	0.1	0.1	0.1	0.1
其他材料费	%	15	15	15	15
定 额 编 号		07053	07054	07055	07056

续表

项　目	单位	容　量（Ah 以下）			
		618	864	1296	1440
工　长	工时	0.4	0.5	0.7	0.8
高级工	工时	1.8	2.5	3.3	4.2
中级工	工时	3	4.2	5.5	7
初级工	工时	0.8	1.2	1.5	2
合　计	工时	6	8.4	11	14
纯硫酸	kg	11	19	27	29
蒸馏水	kg	19	34	48	51
铅垫圈	个	4.1	4.1	4.1	4.1
氧　气	m^3	0.2	0.2	0.2	0.2
乙炔气	m^3	0.1	0.1	0.1	0.1
其他材料费	%	10	10	10	10
定额编号		07057	07058	07059	07060

(5)蓄电池(密闭式)

单位:个

项目	单位	容量(Ah以下)					
		100	200	300	400	600	800
工长	工时	0.1	0.2	0.2	0.3	0.3	0.4
高级工	工时	0.3	1.1	1.1	1.4	1.4	1.8
中级工	工时	0.6	1.8	1.8	2.4	2.4	3
初级工	工时	0.2	0.5	0.5	0.7	0.7	0.8
合计	工时	1.2	3.6	3.6	4.8	4.8	6
纯硫酸	kg	1.7	2.9	5.2	6.1	9.7	13
蒸馏水	kg	3.8	6.7	12	14	23	30
其他材料费	%	10	10	10	10	10	10
定额编号		07061	07062	07063	07064	07065	07066

续表

项目	单位	容量（Ah以下）					
		1000	1200	1400	1600	1800	2000
工长	工时	0.5	0.5	0.5	0.5	0.7	0.7
高级工	工时	2.5	2.5	2.5	2.5	3.6	3.6
中级工	工时	4.2	4.2	4.2	4.2	6	6
初级工	工时	1.2	1.2	1.2	1.2	1.7	1.7
合计	工时	8.4	8.4	8.4	8.4	12	12
纯硫酸	kg	14	16	19	21	23	25
蒸馏水	kg	33	38	43	48	53	58
其他材料费	%	10	10	10	10	10	10
定额编号		07067	07068	07069	07070	07071	07072

(6)蓄电池充放电

单位:组

项目	单位	220V 蓄电池组 (容量 Ah)			
		≤144	≤216	≤360	≤504
工长	工时	27	27	27	27
高级工	工时	137	137	137	137
中级工	工时	229	229	229	229
初级工	工时	65	65	65	65
合计	工时	458	458	458	458
黑胶布 20×20m	卷	1.5	1.5	1.5	1.5
破布	kg	4.5	4.5	4.5	4.5
工业盐	kg	8	8	8	8
碳酸氢钠	kg	3	3	3	3
电	kWh	368	556	922	1222
其他材料费	%	5	5	5	5
定额编号		07073	07074	07075	07076

续表

项目	单位	220V 蓄电池组 （容量 Ah）			
		≤648	≤864	≤1152	≤1440
工长	工时	27	27	27	27
高级工	工时	137	137	137	137
中级工	工时	229	229	229	229
初级工	工时	65	65	65	65
合计	工时	458	458	458	458
黑胶布 20×20m	卷	1.5	1.5	1.5	1.5
破布	kg	4.5	4.5	4.5	4.5
工业盐	kg	8	8	8	8
碳酸氢钠	kg	3	3	3	3
电	kWh	1755	2199	2910	3643
其他材料费	%	5	5	5	5
定额编号		07077	07078	07079	07080

续表

项目	单位	镍镉蓄电池组（电压V）		
		≤48	≤100	≤220
工长	工时	4	4	4
高级工	工时	22	22	22
中级工	工时	36	36	36
初级计	工时	10	10	10
合计	工时	72	72	72
氢氧化锂	kg	(0.5)	(1)	(2)
电	kWh	60	80	120
其他材料费	%	10	10	10
定额编号		07081	07082	07083

七－4　厂用电系统

(1)电力变压器

①安装

单位:台

项　　目	单位	10～20kV　容量　(kVA)					
		≤250	≤500	≤1000	≤2000	≤4000	≤8000
工　　长	工时	4	5	9	11	21	31
高 级 工	工时	20	26	45	58	104	153
中 级 工	工时	34	44	74	96	174	254
初 级 工	工时	9	12	21	27	48	71
合　　计	工时	67	87	149	192	347	509
垫　　铁	kg	5	5	6	6	8	8
镀锌扁钢	kg	4.5	4.5	4.5	4.5	4.5	4.5
精制螺栓 M18×95	套	4.1	4.1	4.1	4.1	4.1	4.1
镀锌铁丝 8～10#	kg	1	1	1	2.5	2.5	4
调 合 漆	kg	1	1.2	1.8	2.5	3	6
电 焊 条	kg	0.5	0.5	0.5	0.7	0.7	0.7
变压器油	kg	7	10	13	16	30	50
滤 油 纸 300×300	张	20	30	50	70	100	140
氧　　气	m^3			0.8	0.8	1.2	1.5
乙 炔 气	m^3			0.4	0.4	0.6	0.8
防 锈 漆	kg	0.6	0.9	1.3	1.6	2.2	4.8
塑 料 布	m^2	1.5	1.5	3	3	6	6
其他材料费	%	12	12	12	12	12	12
汽车起重机 5t	台时	0.5	0.7	1.1	1.4	3.9	7.4
汽车起重机 8t	台时			1.5	1.5	1.6	5.3
载重汽车 4t	台时	0.5	0.7	0.9			1.1
载重汽车 8t	台时				1	1.3	
压力滤油机	台时	4.1	4.1	5.5	8.3	14	19
电 焊 机 20～30kVA	台时	1.7	1.7	1.7	1.7	1.7	1.7
其他机械费	%	10	10	10	10	10	10
定 额 编 号		07084	07085	07086	07087	07088	07089

②干燥

单位:台

项目	单位	10～20kV 容量 (kVA)					
		≤250	≤500	≤1000	≤2000	≤4000	≤8000
工长	工时	4	6	9	11	20	24
高级工	工时	22	30	43	55	98	120
中级工	工时	36	49	72	92	164	200
初级工	工时	10	14	20	26	46	56
合计	工时	72	99	144	184	328	400
磁化线圈 BLX－35	m	15	15	30	30	30	33
塑料绝缘线	m			15	20	45	45
石棉织布 δ＝2.5	m^2	1.2	1.3	1.6	2.5	3.7	4.2
石棉板 δ＝6	m^2			1	1.5	2	2.5
木材	m^3	0.1	0.1	0.2	0.2	0.2	0.2
镀锌铁丝 8～10#	kg	1.5	1.8	2.5	6	19	21
滤油纸 300×300	张	54	54	54	54	54	54
焊锡	kg			0.1	0.2	0.3	0.3
电	kWh	148	218	300	470	690	940
脚手杆	m^3			0.1	0.1	0.1	0.1
其他材料费	%	5	5	5	5	5	5
滤油机	台时	2.8	3.9	4.1	5.5	6.6	8.3
真空泵 ＜204m^3/h	台时					66	83
电焊机 20～30kVA	台时					1.4	1.4
其他机械费	%	10	10	10	10	10	10
定额编号		07090	07091	07092	07093	07094	07095

(2)高压开关柜

单位:台

项目	单位	单母线柜 (10~20kV)			
		油断路器柜	电压互感器柜	其他电气柜	母线桥(组)
工长	工时	4	3	2	1
高级工	工时	18	14	9	7
中级工	工时	29	23	15	11
初级工	工时	8	6	4	3
合计	工时	59	46	30	22
垫铁	kg	0.5	0.5	0.5	
电焊条	kg	0.3	0.3	0.3	0.3
镀锌螺栓 M14×75	套	6.1	6.1	6.1	32
变压器油	kg	0.5	0.2	0.2	
调合漆	kg	0.1	0.1	0.2	0.2
棉纱头	kg	0.2	0.2	0.1	0.1
白布	m^2	0.1	0.1	0.1	0.1
其他材料费	%	10	10	10	10
汽车起重机 5t	台时	0.5	0.5	0.5	0.5
载重汽车 5t	台时	0.5	0.5	0.5	0.5
卷扬机 5t	台时	0.5	0.5	0.5	0.5
电焊机 20~30kVA	台时	1.1	1.1	1.1	1.1
其他机械费	%	10	10	10	10
定额编号		07096	07097	07098	07099

续表

项　　目	单位	双母线柜 （10~20kV）		
		油断路器柜	电压互感器柜	其他电气柜
工　长	工时	4	4	2
高级工	工时	21	17	10
中级工	工时	36	29	17
初级工	工时	10	8	5
合　计	工时	71	58	34
垫　铁	kg	0.5	0.5	0.5
电焊条	kg	0.3	0.3	0.3
镀锌螺栓 M14×75	套	6.1	6.1	6.1
变压器油	kg	0.6	0.2	0.2
调合漆	kg	0.1	0.1	0.2
白　布	m^2	0.1	0.1	0.1
其他材料费	%	15	15	15
汽车起重机 5t	台时	0.5	0.5	0.5
载重汽车 5t	台时	0.5	0.5	0.5
卷扬机 5t	台时	1.2	1.2	1.2
电焊机 20~30kVA	台时	1.1	1.1	1.1
其他机械费	%	10	10	10
定额编号		07100	07101	07102

(3)低压动力配电盘、箱

单位:台(块)

项目	单位	动力配电箱	动力控制盘	配电箱(半周长)		配电板(半周长)	
				≤1m	≤2m	≤1m	≤2m
工长	工时	1	1.4	0.4	0.7	0.3	0.6
高级工	工时	6	7.2	2.2	4	1.4	2.9
中级工	工时	10	12	3.6	6.5	2.4	4.8
初级工	工时	3	3.4	1	1.8	0.7	1.3
合计	工时	20	24	7.2	13	4.8	9.6
垫铁	kg	0.5	0.5				
镀锌型钢	kg	1.5	1.5	0.2	0.3		
镀锌螺栓 M10×75	套					14	14
M12×120	套			4.1	4.1		
M14×70	套	6.1	6.1				
电焊条	kg	0.2	0.2	0.1	0.1	0.1	0.1
塑料软管	kg	0.5	0.3	0.1	0.2	0.1	0.2
其他材料费	%	10	10	10	10	10	10
电焊机 20~30kVA	台时	0.6	0.6	0.6	0.6	0.6	0.6
载重汽车 5t	台时	0.5	0.5				
其他机械费	%	10	10	10	10	10	10
定额编号		07103	07104	07105	07106	07107	07108

(4)低压电器

单位:个

项目	单位	空气自动开关		刀型开关	铁壳开关	组合控制开关	
		手动	电动			普通型	防爆型
工长	工时	0.4	1.1	0.7	0.3	0.2	0.2
高级工	工时	2.2	5.7	4	1.4	0.7	1.1
中级工	工时	3.6	9.5	6.5	2.4	1.2	1.8
初级工	工时	1	2.7	1.8	0.7	0.3	0.5
合计	工时	7.2	19	13	4.8	2.4	3.6
型钢	kg		1		0.3		0.3
裸铜线 $10mm^2$	m		0.6		0.6		
铜接线端子 DT	个		2.1		2.1		
镀锌螺栓 M8×75	套	4.1	5.1	4.1	5.1	2	1
M12×140	套						3.1
电焊条	kg		0.1		0.1		0.1
其他材料费	%	15	15	15	15	15	15
电焊机 20~30kVA	台时		0.6		0.3		0.3
其他机械费	%		10		10		10
定额编号		07109	07110	07111	07112	07113	07114

续表

项目	单位	限位开关		控制器		接触器磁力起动器	Y－△自耦减压起动器
		普通型	防爆型	主轮	鼓型凸轮		
工长	工时	0.3	0.4	0.7	0.7	0.7	1
高级工	工时	1.4	1.8	4	4	4	4.8
中级工	工时	2.4	3	6.5	6.5	6.5	8
初级工	工时	0.7	0.8	1.8	1.8	1.8	2.2
合计	工时	4.8	6	13	13	13	16
型钢	kg	0.7	1.1	0.7	0.2		0.8
裸铜线 $6m^2$	m	0.4	0.4		0.4		
$10m^2$	m			0.6			0.5
铜接线端子 DT－1	个	2.1	2.1		2.1		
DT－10	个			2.1			2.1
镀锌螺栓 M10×75	套	5.1	1	1	1		1
M12×75	套		4.1			4.1	
M12×120	套			4.1	4.1		4.1
电焊条	kg	0.2	0.2	0.1	0.1		0.1
其他材料费	%	10	10	10	10	10	10
电焊机 20～30kVA	台时	1	1	0.5	0.5		0.5
其他机械费	%	10	10	10	10		10
定额编号		07115	07116	07117	07118	07119	07120

(5)接线箱、盒

单位:10个

项目	单位	接线箱		接线盒
		≤700	≤1500	
工长	工时	4	6	0.4
高级工	工时	20	31	1.8
中级工	工时	34	52	3
初级工	工时	10	15	0.8
合计	工时	68	104	6
接线箱(盒)	个	(10)	(10)	(10)
地脚螺栓 M8×100	套	41		
M10×120	套		41	
沥青漆	kg	0.8	1.4	
塑料护口 Φ20	个			12
锁紧螺母 Φ20	个			12
半圆头螺栓 5×50	套			21
塑料膨胀管 Φ6~8	个			21
其他材料费	%	10	10	10
定额编号		07121	07122	07123

(6)盘柜配线

单位:10m

项　　目	单位	导线截面 （mm^2 以内）			
		2.5	6	10	25
工　　长	工时	0.3	0.3	0.3	0.4
高 级 工	工时	1.4	1.4	1.4	2.2
中 级 工	工时	2.4	2.4	2.4	3.6
初 级 工	工时	0.7	0.7	0.7	1
合　　计	工时	4.8	4.8	4.8	7.2
绝缘导线	m	(10.2)	(10.2)	(10.2)	(10.2)
镀锌螺栓 M4×65	套	6.1	6.1	6.1	
M6×75	套				3.3
胶木线夹	个	3	3	3	
黄漆布带 20×40m	卷	0.1	0.1	0.1	0.1
焊　　锡	kg	0.1	0.1	0.2	0.2
其他材料费	%	10	10	10	10
定额编号		07124	07125	07126	07127

续表

项目	单位	导线截面（mm^2 以内）		
		50	95	150
工长	工时	0.5	0.7	1.1
高级工	工时	2.5	4	5.4
中级工	工时	4.2	6.5	9
初级工	工时	1.2	1.8	2.5
合计	工时	8.4	13	18
绝缘导线	m	(10.2)	(10.2)	(10.2)
镀锌螺栓 M6×75	套	3.3	3.3	3.3
黄漆布带 20×40m	卷	0.2	0.2	0.3
焊锡	kg	0.6	1	1.5
焊锡膏	kg	0.1	0.1	0.2
其他材料费	%	10	10	10
定额编号		07128	07129	07130

七－5 电缆制作安装

(1)电缆管敷设

单位:100m

项　　　目	单位	公称直径 (mm 以内)			
		32	50	70	100
工　　长	工时	7	8	13	19
高 级 工	工时	32	42	64	93
中 级 工	工时	54	70	108	155
初 级 工	工时	15	19	30	43
合　　计	工时	108	139	215	310
钢　　管	m	(103)	(103)	(103)	(103)
镀锌管接头 32～100	个	17	17	17	17
锁紧螺母 32～100	个	16	16	16	17
护　　口 32～100	个	16	16	16	16
管 卡 子 32～100	个	86	86	52	52
电 焊 条	kg	1	1.3	1.5	1.5
防 锈 漆	kg	3.3	5	7.4	9.7
铅　　油	kg	1.2	1.8	2.3	3
塑料膨胀管 Φ6～8	个	174	69		
冲击钻头 Φ6～8	个	1.4	1	0.8	0.8
膨胀螺栓 M6～8	套		68	102	102
其他材料费	%	15	15	15	15
电 焊 机 20～30kVA	台时	2.8	3.3	4.1	4.1
载重汽车 5t	台时	0.5	0.5	1.1	1.1
空气压缩机 $3m^3/min$	台时	0.6	0.9	2.6	3.9
其他机械费	%	20	20	20	20
定 额 编 号		07131	07132	07133	07134

(2)电缆敷设

单位:100m

项目	单位	一般敷设(截面 mm²)			竖直敷设(截面 mm²)		
		≤35	≤120	≤240	≤35	≤120	≤240
工长	工时	2	3.6	5	7	12	16
高级工	工时	10	18	25	36	59	78
中级工	工时	17	30	42	61	98	131
初级工	工时	5	8.4	12	17	27	37
合计	工时	34	60	84	121	196	262
电缆	m	(102)	(102)	(102)	(102)	(102)	(102)
镀锌螺栓 M10×75	套	31	31	31	340	340	340
封铅	kg	1.1	1.6	2.1	1.1	1.6	2.1
镀锌铁丝 8~10#	kg	0.4	0.5	0.5	3	3.4	3.6
电缆卡子 1.5×32	个	23			170		
3×50	个		22			170	
3×80	个			21			170
电缆吊挂	套	7.2	6.7	6.3			
标志牌	个	6	6	6	6	6	6
冲击钻头 Φ6~8	个	0.5			1.6		
塑料膨胀管 Φ6~8	个	24			120		
其他材料费	%	15	15	15	15	15	15
汽车起重机 5t	台时	0.1	0.3	0.4	0.5	1.6	2.6
载重汽车 5t	台时	0.1	0.3		0.5	0.3	
载重汽车 8t	台时			0.5			0.5
其他机械费	%	5	5	5	5	5	5
定额编号		07135	07136	07137	07138	07139	07140

(3)电缆头制作安装

① 户内浇筑式电力电缆终端头

单位:个

项目	单位	1kV以下(截面 mm^2)			10kV以下(截面 mm^2)		
		≤35	≤120	≤240	≤35	≤120	≤240
工长	工时	0.4	0.7	0.8	0.5	0.8	1
高级工	工时	2.2	3.3	4.2	2.5	4.2	5.1
中级工	工时	3.6	5.5	7	4.2	7	8.5
初级工	工时	1	1.5	2	1.2	2	2.4
合计	工时	7.2	11	14	8.4	14	17
丁腈橡胶管 Φ13	m	3	3				
Φ20	m			3	3		
Φ23~27	m					3	3
塑料带 20×40m	卷	0.5	0.9	1.2	0.8	1.5	1.8
黄漆布带 20×40m	卷	0.6	0.8	1.1	1.2	1.6	2.2
环氧树脂	kg	0.4	0.7	0.8	0.5	0.8	0.8
聚酰胺树脂	kg	0.2	0.4	0.4	0.3	0.4	0.5
裸铜线 $10mm^2$	m	1.4	1.5	1.6	1.5	1.6	1.7
铝接线端子 $\leqslant 35mm^2$	个	4.1			3.1		
$\leqslant 120mm^2$	个		4.1			3.1	
$\leqslant 240mm^2$	个			4.1			3.1
封铅	kg	0.2	0.3	0.4	0.2	0.3	0.4
镀锌螺栓 M12×75	套	2	2	2	2	2	2
其他材料费	%	15	15	15	15	15	15
定额编号		07141	07142	07143	07144	07145	07146

② 户内干包式电力电缆终端头

单位:个

项目	单位	1kV以下(截面mm^2)			10kV以下(截面mm^2)		
		≤35	≤120	≤240	≤35	≤120	≤240
工长	工时	0.3	0.4	0.4	0.3	0.5	0.7
高级工	工时	1.4	1.8	2.2	1.4	2.5	3.3
中级工	工时	2.4	3	3.6	2.4	4.2	5.5
初级工	工时	0.7	0.8	1	0.7	1.2	1.5
合计	工时	4.8	6	7.2	4.8	8.4	11
塑料带 20×40m	卷	0.2	0.2	0.2	0.2	0.2	0.2
塑料胶粘带 20×50m	卷	1	1	1	1.5	1.5	1.5
自粘橡胶带 20×5m	卷				9	12	16
裸铜线 $10mm^2$	m	1.5	1.5	1.5	1.5	1.5	1.5
铜接线端子 DT-10	个	1.1	1.1	1.1	1.1	1.1	1.1
铝接线端子 ≤$35mm^2$	个	4.1			3.1		
≤$120mm^2$	个		4.1			3.1	
≤$240mm^2$	个			4.1			3.1
镀锌螺栓 M10×75	套	2	2	2	2	2	2
塑料手套 X型	个	(1.1)	(1.1)	(1.1)	(1.1)	(1.1)	(1.1)
终端头卡子	个	1.1	1.1	1.1	2.1	2.1	2.1
其他材料费	%	15	15	15	15	15	15
定额编号		07147	07148	07149	07150	07151	07152

③ 户外浇筑式电力电缆终端头

单位:个

项目	单位	0.5~10kV(截面 mm^2)		
		≤35	≤120	≤240
工长	工时	1.1	2	2
高级工	工时	5.7	9	10
中级工	工时	9.5	14	17
初级工	工时	2.7	4	5
合计	工时	19	29	34
黄漆布带 20×40m	卷	0.7	1.3	1.5
沥青绝缘胶	kg	11	11	11
裸铜线 $10mm^2$	m	1.5	1.6	1.6
过渡接线柱 35~$240mm^2$	个	3.1	3.1	3.1
封铅	kg	1.4	1.8	2.1
焊锡	kg	0.1	0.1	0.1
汽油	kg	1.8	2.7	3.2
变压器油	kg	1	1	1
其他材料费	%	15	15	15
定额编号		07153	07154	07155

④ 户外干包式电力电缆终端头

单位:个

项目	单位	1kV 以下(截面 mm^2)			10kV 以下(截面 mm^2)		
		≤35	≤120	≤240	≤35	≤120	≤240
工长	工时	0.7	1.1	1.4	1	1.4	2
高级工	工时	4	5.7	7.2	4.8	7.2	9
中级工	工时	6.5	9.5	12	8	12	14
初级工	工时	1.8	2.7	3.4	2.2	3.4	4
合计	工时	13	19	24	16	24	29
塑料带 20×40m	卷	0.2	0.2	0.2	0.2	0.2	0.2
塑料胶粘带 20×50m	卷	0.8	0.8	0.8	1.2	1.2	1.2
自粘橡胶带 20×5m	卷				9	12	16
半导体布带 20×5m	卷				1.5	3	3
裸铜线 $20mm^2$	m				1.5	1.5	1.5
铜接线端子 DT-10	个				1.1	1.1	1.1
铝接线端子 ≤$35mm^2$	个	4.1			3.1		
≤$120mm^2$	个		4.1			3.1	
≤$240mm^2$	个			4.1			3.1
塑料手套 ST 型	个	(1.1)	(1.1)	(1.1)	(1.1)	(1.1)	(1.1)
塑料雨罩 YS 型	个	(4.1)	(4.1)	(4.1)	(4.1)	(4.1)	(4.1)
其他材料费	%	15	15	15	15	15	15
定额编号		07156	07157	07158	07159	07160	07161

⑤ 电力电缆中间头

单位:个

项目	单位	1kV以下(截面 mm^2)			10kV以下(截面 mm^2)		
		≤35	≤120	≤240	≤35	≤120	≤240
工长	工时	0.6	1	1.1	0.7	1.1	1
高级工	工时	2.9	4	5.7	3.3	5.4	7
中级工	工时	4.8	7	9.5	5.5	9	11
初级工	工时	1.3	2	2.7	1.5	2.5	3
合计	工时	9.6	14	19	11	18	22
铝接管 ≤35mm^2	个	4.1			3.1		
≤120mm^2	个		4.1			3.1	
≤240mm^2	个			4.1			3.1
塑料胶粘带 20×50m	卷	0.8	0.8	0.8	1.2	1.2	1.2
自粘橡胶带 20×5m	卷				11	17	18
黄漆布带 20×40m	卷	0.2	0.4	0.6	0.3	0.7	0.9
半导体布带 20×5m	m				15	15	15
沥青绝缘胶	kg	4	6	8	5	7	9
环氧树脂	kg				0.4	0.5	0.6
聚酰胺树脂	kg				0.2	0.2	0.3
封铅	kg	0.4	0.6	0.8	0.5	0.7	0.9
裸铜线 10mm^2	m	1.5	1.6	1.7	1.5	1.6	1.7
其他材料费	%	15	15	15	15	15	15
定额编号		07162	07163	07164	07165	07166	07167

⑥ 控制电缆头

单位:个

项目	单位	终端头 (芯)			中间头 (芯)		
		≤14	≤24	≤37	≤14	≤24	≤37
工长	工时	0.3	0.4	0.5	0.4	0.4	0.6
高级工	工时	1.4	1.8	2.5	1.8	2.2	2.9
中级工	工时	2.4	3	4.2	3	3.6	4.8
初级工	工时	0.7	0.8	1.2	0.8	1	1.3
合计	工时	4.8	6	8.4	6	7.2	9.6
塑料软管	kg	0.2	0.3	0.6			
塑料带 20×40m	卷	0.1	0.1	0.1	0.2	0.3	0.4
白纱带 20×20m	卷			0.2	0.5	0.8	1.4
裸铜线 $10mm^2$	m	1	1	1	1.5	1.5	1.6
封铅	kg				0.4	0.7	0.7
沥青绝缘胶	kg				1.2	1.2	1.2
铜接线端子 DT-10	个	1.1	1.1	1.1			
焊锡	kg	0.2	0.2	0.2	0.2	0.3	0.4
汽油 70#	kg				0.7	1	1.2
镀锌螺栓 M10×75	套	2	2	2			
套管 KT2 型	个	(1.1)	(1.1)	(1.1)			
尼龙绳	kg	0.1	0.1	0.1			
其他材料费	%	15	15	15	15	15	15
定额编号		07168	07169	07170	07171	07172	07173

七－6 母线制作安装

(1)绝缘子、穿墙套管

单位:10个

<table>
<tr><th rowspan="3">项目</th><th rowspan="3">单位</th><th colspan="2">绝缘子</th><th>穿墙套管</th></tr>
<tr><th colspan="2">10～20kV</th><th rowspan="2">10～20kV</th></tr>
<tr><th>2孔</th><th>4孔</th></tr>
<tr><td>工长</td><td>工时</td><td>1</td><td>1.1</td><td>1.4</td></tr>
<tr><td>高级工</td><td>工时</td><td>4</td><td>5.4</td><td>7.2</td></tr>
<tr><td>中级工</td><td>工时</td><td>7</td><td>9</td><td>12</td></tr>
<tr><td>初级工</td><td>工时</td><td>2</td><td>2.5</td><td>3.4</td></tr>
<tr><td>合计</td><td>工时</td><td>14</td><td>18</td><td>24</td></tr>
<tr><td>镀锌扁钢</td><td>kg</td><td>7.9</td><td>7.9</td><td>7.9</td></tr>
<tr><td>镀锌螺栓 M14×70</td><td>套</td><td>20</td><td>41</td><td>41</td></tr>
<tr><td>电焊条</td><td>kg</td><td>0.3</td><td>0.3</td><td>0.6</td></tr>
<tr><td>破布</td><td>kg</td><td>0.2</td><td>0.3</td><td>0.1</td></tr>
<tr><td>铁砂布</td><td>张</td><td></td><td></td><td>1</td></tr>
<tr><td>其他材料费</td><td>%</td><td>10</td><td>10</td><td>10</td></tr>
<tr><td>电焊机 20～30kVA</td><td>台时</td><td>0.8</td><td>0.8</td><td>2</td></tr>
<tr><td>其他机械费</td><td>%</td><td>5</td><td>5</td><td>5</td></tr>
<tr><td colspan="2">定额编号</td><td>07174</td><td>07175</td><td>07176</td></tr>
</table>

(2)带形铝母线安装

单位:10m/单相

项目	单位	每相一片 (截面 mm²)			
		≤360	≤800	≤1000	≤1200
工长	工时	0.5	0.7	0.7	1
高级工	工时	2.5	3.6	4	4
中级工	工时	4.2	6	6.5	7
初级工	工时	1.2	1.7	1.8	2
合计	工时	8.4	12	13	14
母线金具 JNP1	套	7.1	7.1	7.1	7.1
沉头螺栓 M16×25	套	7.1	7.1	7.1	7.1
镀锌螺栓 M16×60	套	12	12	12	12
铝焊条	kg	0.2	0.2	0.2	0.2
绝缘沥青漆	kg	0.1	0.2	0.2	0.2
调合漆	kg	0.4	0.5	0.6	0.6
氩气	m^3	0.7	0.7	0.9	1
其他材料费	%	15	15	15	15
氩弧焊机 500A	台时	0.6	0.6	0.7	0.8
其他机械费	%	5	5	5	5
定额编号		07177	07178	07179	07180

续表

项　　目	单位	二片(截面 mm^2)		三片(截面 mm^2)		四片(截面 mm^2)	
		≤1000	≤1200	≤1000	≤1200	≤1000	≤1200
工　　长	工时	1.5	2	2	3	3	3
高 级 工	工时	8	9	11	13	14	16
中 级 工	工时	12	14	18	22	23	27
初 级 工	工时	3.5	4	5	6	7	7
合　　计	工时	25	29	36	44	47	53
母线金具 JNP2	套	7.1	7.1				
JNP3	套			7.1	7.1		
JNP4	套					7.1	7.1
沉头螺栓 M16×25	套	7.2	7.2	7.2	7.2	7.2	7.2
镀锌螺栓 M16×25	套	12	12				
M16×140	套			12	12	12	12
母线衬垫 JG	套	8.1	8.1	16	16	24	24
铝 焊 条	kg	0.4	0.4	0.6	0.6	0.7	0.8
绝缘沥青漆	kg	0.2	0.3	0.3	0.3	0.3	0.3
调 合 漆	kg	0.7	0.7	0.7	0.8	0.8	0.9
氩　　气	m^3	1.8	2	2.7	3	3.6	4
其他材料费	%	15	15	15	15	15	15
氩弧焊机 500A	台时	1.4	1.6	2.1	2.2	2.8	3
其他机械费	%	5	5	5	5	5	5
定额编号		07181	07182	07183	07184	07185	07186

(3)槽形母线

单位:10m/单相

项　　目	单位	≤2(150×65×7)	≤2(200×90×12)	≤2(250×115×12.5)
工　　长	工时	3	4	4
高 级 工	工时	16	20	21
中 级 工	工时	27	33	36
初 级 工	工时	8	9	10
合　　计	工时	54	66	71
母线金具 MCN-1	套	8.1	8.1	8.1
母线衬垫 JG	套	16	16	16
铝 焊 条	kg	0.2	0.2	0.3
调 合 漆	kg	1.5	2	2.5
氩　　气	m^3	0.7	1	1.3
其他材料费	%	10	10	10
氩弧焊机 500A	台时	1.8	2.2	2.8
立式钻床 Φ25	台时	0.6	1.1	1.1
牛头刨床	台时	1.7	1.9	1.9
其他机械费	%	5	5	5
定额编号		07187	07188	07189

(4)封闭母线

单位:m/单相

项目	单位	外壳/母线		
		680×5/300×8	850×7/350×12	1000×8/450×16
工长	工时	1.4	2	2
高级工	工时	7.2	10	11
中级工	工时	12	17	19
初级工	工时	3.4	5	5
合计	工时	24	34	37
铝焊条	kg		0.2	0.3
调合漆	kg	0.1	0.1	0.1
防锈漆	kg	0.1	0.1	0.1
氩气	m^3		1	1.5
氧气	m^3		0.8	1.2
乙炔气	m^3		0.4	0.6
瓷嘴	个		1.5	1.5
电焊条	kg	0.3		
其他材料费	%	15	15	15
氩弧焊机 500A	台时		0.8	1.1
汽车起重机 5t	台时	0.3	0.3	0.3
桥式起重机 30t	台时	0.2	0.2	0.2
电焊机 20~30kVA	台时	1.7		
其他机械费	%	5	5	5
定额编号		07190	07191	07192

(5)母线伸缩接头

单位:个

项目	单位	每相(片)				
		1	2	3	4	8
工长	工时	0.4	0.4	0.4	0.5	1
高级工	工时	1.8	2.2	2.2	2.5	4
中级工	工时	3	3.6	3.6	4.2	7
初级工	工时	0.8	1	1	1.2	2
合计	工时	6	7.2	7.2	8.4	14
伸缩接头	片	(1)	(2.1)	(3.1)	(4.1)	(8.2)
镀锌螺栓 M16×60	套	8.2				
M16×80	套		8.2	8.2		
M16×140	套				8.2	8.2
焊锡	kg	0.2	0.3	0.4	0.4	0.6
铁砂布 0~2#	张	2	2.4	2.8	3.2	5.2
其他材料费	%	10	10	10	10	10
立式钻床 Φ13	台时	0.2	0.2	0.3	0.3	0.5
其他机械费	%	5	5	5	5	5
定额编号		07193	07194	07195	07196	07197

七－7　接地装置

项　　目	单位	接地极制作安装(根)		接地母线敷设(10m)
		钢　管	角　钢	
工　　长	工时	0.2	0.2	0.7
高 级 工	工时	1.1	0.7	4
中 级 工	工时	1.8	1.2	6.5
初 级 工	工时	0.5	0.3	1.8
合　　计	工时	3.6	2.4	13
钢　　管	根	(1.1)		
角　　钢	根		(1.1)	
镀锌扁钢	m			(11)
电 焊 条	kg	0.1	0.1	0.2
锯　　条	根	1.5	1	1
型　　钢	kg	0.3	0.3	0.5
其他材料费	%	15	15	15
电 焊 机 20～30kVA	台时	0.8	0.6	1.4
其他机械费	%	5	5	5
定额编号		07198	07199	07200

七－8　保护网、铁构件

项　　目	单位	保护网制安（m^2）	铁构件（t）	
			制　作	安　装
工　　长	工时	0.5	47	31
高 级 工	工时	2.5	236	153
中 级 工	工时	4.2	393	256
初 级 工	工时	1.2	110	71
合　　计	工时	8.4	786	511
钢　　材	kg		(1050)	
型　　钢	kg			20
镀锌螺栓 M10×75	套		630	58
M12×70	套	4		
电 焊 条	kg	0.2	14	18
氧　　气	m^3	0.2		
乙 炔 气	m^3	0.1		
防 锈 漆	kg	0.2	18	3
调 合 漆	kg	0.2	14	2
青　　油	kg		6	
汽　　油	kg		4.4	1
铁 砂 布	张		50	
其他材料费	%	10	5	5
剪 板 机 6.3×2000	台时		5.5	
电 焊 机 20～30kVA	台时	0.5	41	37
空气压缩机 $3m^3/min$	台时	0.8		
其他机械费	%	5	5	5
定额编号		07201	07202	07203

第八章

变电站设备安装

说　　明

一、本章包括 35～500kV 电压等级的电力变压器安装，断路器安装，户外隔离开关安装，互感器、避雷器、熔断器安装，一次拉线及其他设备安装共五节。

二、电力变压器安装

1.工作内容：

(1)本体及附件的搬运，开箱检查。

(2)变压器干燥，包括电源设施、加温设施、保温设施、滤油设备及真空设备等工具、器材的搬运、安装及拆除、干燥维护、循环滤油、抽真空、测试记录、结尾。

(3)吊芯(罩)检查，包括工具、器具准备及搬运，油柱密封试验、放油、吊芯(罩)、检查、回芯(罩)、上盖、注油。

(4)安装固定，包括本体就位固定、套管安装、散热器及油枕清洗、安装，风扇电动机解体、检查、安装、接地、试运转，其他附件安装，补充注油，整体密封试验，接地，强迫油循环，水冷却器基础埋设、安装、调试。

(5)变压器中性点设备基础埋设、安装调试、接地。

(6)变压器本体及附件内的变压器油过滤、注油。

(7)配合电气调试。

2.本定额不包括：

(1)变压器干燥棚、滤油棚的搭拆工作。

(2)瓦斯继电器的解体检查及试验(属变压器系统调整试验)。

(3)变压器用强迫油循环水冷却方式时，水冷却器至变压器本身之间的油、水管路安装应另套本定额第六章第二节系统管路安装定额。

(4)本节亦适用于自耦式电力变压器、带负荷调压变压器的安装。

三、断路器安装

1.本节包括多油断路器、少油断路器、空气断路器、六氟化硫断路器安装。

2.工作内容:

(1)本体及附件的搬运、开箱检查。

(2)基础埋设、清理,型钢、垫铁、压板的加工、配制、安装及地脚螺栓的埋设。

(3)本体及附件安装,包括解体、检查、组合安装及调整固定。

(4)空气断路器的阀门清理、检查,配管和焊接、动作调整。

(5)配合电器试验,绝缘油过滤、注油,接地及刷分相漆。

3.如用气动操作机构,供气管路应另套本定额第六章第二节系统管路安装定额。

未计价材料,包括设备基础用钢板、型钢等。

四、隔离开关安装

1.工作内容:

(1)本体及附件的搬运、开箱检查。

(2)基础埋设、地脚螺栓埋设,型钢、垫铁及压板的加工、配制和安装。

(3)本体及附件安装,包括安装、固定、调整、拉杆及其附件的配制安装,操作机构、连锁装置及信号接点的检查、清理和安装。

(4)配合电气试验,接地,刷分相漆。

2.安装高度超过6m时,不论单相或三相均套用同一安装高度超过6m的定额。

3.气动操作的隔离开关至操作箱之前的供气管路安装,应套用本定额第六章第二节系统管路安装定额。

4.负荷开关可套用同电压等级的隔离开关安装定额。

未计价材料，包括设备基础用钢板、型钢、拉杆、操作钢管等。

五、互感器、避雷器、熔断器安装

1. 工作内容，包括搬运、开箱、表面检查、安装固定、互感器放油、吊芯检查、注油、基础埋设及止动器的制作安装，避雷器的基础铁件制作安装，地脚螺栓埋设、放电记录器安装，接地、刷分相漆、场地清理及配合电气试验。

铁构架制作、安装另套本定额相应定额子目。

2. 电容式电压互感器安装，套用相应电压互感器安装有关定额乘以1.2系数。

未计价材料，包括设备基础用钢板、型钢等。

六、一次拉线及其他设备安装

1. 工作内容：

(1)高频阻波器、耦合电容器、支持绝缘子、悬式绝缘子等安装，包括搬运、检查、基础埋设及本体安装固定。

(2)一次拉线，包括金具、软母线、绝缘子的搬运、检查、绝缘子与金具组合，测量线长度及下料，导线与线夹的连接、导线接头连接(压接法、爆接法)、悬挂、紧固、弛度调整，还包括设备端子及设备线夹或端子压接管的锉面、挂锡及连接。

(3)铝、钢管型母线安装，包括支持绝缘子的安装，铝、钢管的平直、下料、煨弯、焊接、安装固定、刷分相漆，钢管母线还包括钢管纵向开槽及接触面镀铜。

(4)管型母线伸缩接头安装，不包括在本节定额内，应另套本定额相应定额子目。

2. 一次拉线绝缘子为双串者，不论每串片数多少，均按双串子目计算。

3. 一次拉线包括软母线、设备引线、引下线及跳线。

4. 架空地线按一次拉线定额乘0.7系数。

未计价材料，包括设备基础用钢材、各式绝缘子、钢芯铝绞线

(铝线、铜线、镀锌钢绞线)、铝管、钢管及铜管等。

七、其他设备安装

1.滤波器及单相闸刀安装,见本定额第九章通信设备安装。

2.高压组合电器系由隔离开关(G)、电流互感器(L)、电压互感器(J)和电缆头(D)等元件组成(如GL-220、GJ-220、DGL-220、DGJ-220、DG-220、GDGL-220、GDG-220、DGL-330、DG-330、GL-330等),其安装费按以下方法计算:

(1)二元件组成的组合电器,其安装费为该二元件安装费之和乘以0.8系数。

(2)三元件组成的组合电器,其安装费为该三元件安装费之和乘以0.7系数。

(3)四元件组成的组合电器,其安装费为该四元件安装费之和乘以0.65系数。

(4)五元件组成的组合电器,其安装费为该五元件安装费之和乘以0.60系数。

八－1 电力变压器

(1)三相双卷电力变压器

单位:台

项目	单位	35kV 容量 (kVA)		
		≤1000	≤4000	≤6300
工长	工时	36	53	63
高级工	工时	182	265	316
中级工	工时	266	389	463
初级工	工时	121	176	210
合计	工时	605	883	1052
型钢	kg	5.1	5.1	5.1
木材	m^3	0.3	0.3	0.3
氧气	m^3	1.7	1.7	1.7
电焊条	kg	0.5	0.5	0.5
汽油 70#	kg	0.7	0.9	1
乙炔气	m^3	0.7	0.7	0.7
变压器油	kg	34	43	51
调合漆	kg	5.7	6.5	8
磁漆(酚醛)	kg	0.5	0.5	0.5
石棉布	m^2	5.5	8.1	8.1
电	kWh	1271	1760	2111
镀锌螺栓 M16×70～140	10套	0.4	0.4	0.4
钢板垫板	kg	10	10	10
滤油纸 300×300	张	224	224	257
枕木 2500×200×160	根	3	3.7	4.5
其他材料费	%	20	20	18
载重汽车 5t	台时	4.9	9.7	
载重汽车 8t	台时			11
汽车起重机 5t	台时	9.7		7.7
汽车起重机 8t	台时		12	7.7
压力滤油机	台时	26	44	52
其他机械费	%	10	10	10
定额编号		08001	08002	08003

续表

项目	单位	35kV 容量 (kVA)		
		≤10000	≤20000	≤31500
工长	工时	85	95	105
高级工	工时	423	474	524
中级工	工时	620	695	769
初级工	工时	282	315	349
合计	工时	1410	1579	1747
型钢	kg	5.1	5.1	5.6
木材	m^3	0.4	0.4	0.4
氧气	m^3	2	2	2.2
电焊条	kg	0.5	0.8	0.9
汽油 70#	kg	1.3	1.5	2.2
乙炔气	m^3	0.8	0.8	0.9
变压器油	kg	80	91	146
调合漆	kg	8	8.1	11
磁漆(酚醛)	kg	0.5	0.5	0.8
石棉布	m^2	8.1	8.1	11
电	kWh	2376	2969	4793
镀锌螺栓 M16×70~140	10套	0.4	0.4	0.5
钢板垫板	kg	10	10	11
滤油纸 300×300	张	257	257	397
枕木 2500×200×160	根	7.4	9.6	11
其他材料费	%	16	15	12
载重汽车 8t	台时	11	22	22
汽车起重机 5t	台时	16	16	16
汽车起重机 8t	台时	8	8	16
压力滤油机	台时	73	115	135
其他机械费	%	10	10	10
定额编号		08004	08005	08006

续表

项目	单位	110kV 容量 (kVA)				
		≤6300	≤10000	≤20000	≤31500	≤63000
工长	工时	91	101	121	127	136
高级工	工时	456	507	604	635	682
中级工	工时	669	744	887	932	1001
初级工	工时	304	338	403	424	455
合计	工时	1520	1690	2015	2118	2274
型钢	kg	4.6	4.6	4.6	4.6	5.3
木材	m^3	0.2	0.2	0.2	0.2	0.3
氧气	m^3	2	2	2	2	2.3
电焊条	kg	0.8	0.8	0.8	0.8	0.9
汽油 70#	kg	1.2	1.2	1.2	2	3.5
乙炔气	m^3	0.8	0.8	0.8	0.8	0.9
变压器油	kg	81	90	93	97	117
调合漆	kg	9.5	11	12	14	19
磁漆(酚醛)	kg	0.6	0.6	0.6	0.8	0.9
石棉布	m^2	9.5	11	11	14	19
电	kWh	2848	3961	4527	7294	10470
镀锌螺栓 M16×70~140	10套	0.4	0.4	0.4	0.4	0.5
钢板垫板	kg	10	10	10	10	12
滤油纸 300×300	张	336	371	396	458	549
枕木 2500×200×160	根	7.1	7.7	12	15	17
其他材料费	%	17	14	13	12	10
载重汽车 5t	台时	6.5	6.5	10	11	20
汽车起重机 5t	台时	26	20	16	16	17
汽车起重机 12t	台时		6	8	13	13
压力滤油机	台时	43	46	63	73	97
真空滤油机	台时	19	22	30	31	33
其他机械费	%	10	10	13	14	16
定额编号		08007	08008	08009	08010	08011

续表

项目	单位	110kV 容量（kVA）			
		≤90000	≤120000	≤150000	≤240000
工长	工时	158	175	186	207
高级工	工时	788	873	932	1035
中级工	工时	1155	1281	1367	1519
初级工	工时	525	582	622	690
合计	工时	2626	2911	3107	3451
型钢	kg	7.1	8.2	8.8	12
木材	m^3	0.4	0.5	0.5	0.7
氧气	m^3	3.2	3.6	4	5.2
电焊条	kg	1.3	1.5	1.6	2.1
汽油 70#	kg	4.8	5.4	6	7.8
乙炔气	m^3	1.3	1.5	1.6	2.1
变压器油	kg	158	181	198	259
调合漆	kg	25	29	32	42
磁漆(酚醛)	kg	1.2	1.4	1.5	2
石棉布	m^2	25	29	32	42
电	kWh	14176	16224	17747	23208
镀锌螺栓 M16×70～140	10套	0.7	0.7	0.8	1.1
钢板垫板	kg	15	18	20	26
滤油纸 300×300	张	743	850	930	1216
枕木 2500×200×160	根	23	26	28	37
其他材料费	%	10	10	10	10
载重汽车 5t	台时	23	26	28	32
汽车起重机 12t	台时	13	15	16	17
汽车起重机 16t	台时	13	14	16	17
压力滤油机	台时	109	120	136	151
真空滤油机	台时	37	44	47	52
其他机械费	%	16	16	16	16
定额编号		08012	08013	08014	08015

续表

项目	单位	220kV 容量 (kVA)			
		≤20000	≤40000	≤63000	≤120000
工长	工时	136	153	177	222
高级工	工时	679	766	883	1109
中级工	工时	995	1124	1295	1627
初级工	工时	452	511	589	739
合计	工时	2262	2554	2944	3697
型钢	kg	7.8	9.8	11	15
木材	m^3	0.4	0.5	0.5	0.7
氧气	m^3	3.5	4.3	5	6.4
电焊条	kg	1.4	1.7	2	2.6
汽油 70#	kg	2.1	2.6	3	3.9
乙炔气	m^3	1.4	1.7	2	2.6
变压器油	kg	159	196	225	293
调合漆	kg	20	25	29	37
磁漆(酚醛)	kg	1.1	1.3	1.5	2
石棉布	m^2	19	24	27	35
电	kWh	7742	9559	10973	14284
镀锌螺栓 M16×70～140	10套	0.7	0.9	1	1.3
钢板垫板	kg	17	21	24	32
滤油纸 300×300	张	676	835	959	1248
枕木 2500×200×160	根	21	26	30	39
其他材料费	%	13	13	13	13
载重汽车 5t	台时	13	15	18	23
汽车起重机 12t	台时	13	15	18	23
汽车起重机 16t	台时	9	10	11	15
压力滤油机	台时	80	91	106	140
真空滤油机	台时	38	43	50	66
其他机械费	%	13	13	13	13
定额编号		08016	08017	08018	08019

续表

项目	单位	220kV 容量 (kVA)			
		≤180000	≤240000	≤300000	≤360000
工长	工时	240	263	286	316
高级工	工时	1199	1316	1431	1581
中级工	工时	1759	1930	2099	2319
初级工	工时	799	878	954	1054
合计	工时	3997	4387	4770	5270
型钢	kg	18	19	21	24
木材	m^3	0.8	0.9	1	1.1
氧气	m^3	7.4	8.4	9.2	10
电焊条	kg	3	3.4	3.7	4
汽油 70#	kg	4.5	5.1	5.6	6.1
乙炔气	m^3	3	3.4	3.7	4
变压器油	kg	338	383	417	456
调合漆	kg	43	49	53	58
磁漆(酚醛)	kg	2.3	2.6	2.8	3
石棉布	m^2	41	46	50	55
电	kWh	16462	18652	20284	22179
镀锌螺栓 M16×70~140	10套	1.5	1.7	1.9	2.1
钢板垫板	kg	36	41	44	49
滤油纸 300×300	张	1438	1630	1772	1938
枕木 2500×200×160	根	45	51	56	61
其他材料费	%	13	13	13	13
载重汽车 5t	台时	25	26	29	31
汽车起重机 12t	台时	25	27	29	31
汽车起重机 30t	台时	11	12	13	14
压力滤油机	台时	148	159	172	189
真空滤油机	台时	70	75	81	89
其他机械费	%	13	13	13	13
定额编号		08020	08021	08022	08023

(2)三相三卷电力变压器

单位:台

项目	单位	110kV 容量 (kVA)			
		≤6300	≤10000	≤20000	≤31500
工长	工时	96	113	128	144
高级工	工时	482	563	641	719
中级工	工时	707	826	940	1055
初级工	工时	321	376	428	480
合计	工时	1606	1878	2137	2398
型钢	kg	5	5	5.1	5.1
木材	m^3	0.1	0.2	0.2	0.3
氧气	m^3	2	2.2	2.3	2.3
电焊条	kg	0.9	0.9	0.9	0.9
汽油 70#	kg	1.1	1.1	1.2	2.3
乙炔气	m^3	0.8	0.9	0.9	0.9
变压器油	kg	95	95	106	114
调合漆	kg	11	11	14	18
磁漆(酚醛)	kg	0.6	0.6	0.7	0.9
石棉布	m^2	10	10	12	16
电	kWh	3484	3914	5291	8276
镀锌螺栓 M16×70～140	10套	0.5	0.5	0.5	0.5
钢板垫板	kg	10	10	11	11
滤油纸 300×300	张	409	414	530	592
枕木 2500×200×160	根	7.5	11	12	17
其他材料费	%	16	15	15	14
载重汽车 5t	台时	6.1	7.9	9.3	13
汽车起重机 5t	台时	12	18	18	18
汽车起重机 12t	台时	9	13	13	20
压力滤油机	台时	34	47	52	55
真空滤油机	台时	14	18	23	23
其他机械费	%	7	8	12	15
定额编号		08024	08025	08026	08027

续表

项目	单位	110kV 容量 (kVA)			
		≤63000	≤90000	≤120000	≤180000
工长	工时	152	174	199	222
高级工	工时	758	868	996	1109
中级工	工时	1112	1272	1461	1627
初级工	工时	505	578	664	739
合计	工时	2527	2892	3320	3697
型钢	kg	5.4	7.3	8.4	10
木材	m^3	0.3	0.4	0.4	0.5
氧气	m^3	2.4	3.3	3.7	4.6
电焊条	kg	1	1.3	1.5	1.8
汽油 70#	kg	2.4	3.3	3.7	4.6
乙炔气	m^3	1	1.3	1.5	1.8
变压器油	kg	144	198	225	274
调合漆	kg	23	31	36	44
磁漆(酚醛)	kg	0.9	1.2	1.4	1.7
石棉布	m^2	19	26	30	37
电	kWh	10945	15026	17071	20860
镀锌螺栓 M16×70~140	10套	0.5	0.7	0.8	0.9
钢板垫板	kg	12	18	20	24
滤油纸 300×300	张	731	1003	1140	1393
枕木 2500×200×160	根	18	24	27	34
其他材料费	%	12	12	12	12
载重汽车 5t	台时	13	15	17	19
汽车起重机 12t	台时	12	14	16	18
汽车起重机 16t	台时	21	24	28	32
压力滤油机	台时	55	64	73	84
真空滤油机	台时	24	28	32	37
其他机械费	%	18	18	18	18
定额编号		08028	08029	08030	08031

续表

项目	单位	220kV 容量 (kVA)			
		≤20000	≤40000	≤63000	≤120000
工长	工时	150	164	193	241
高级工	工时	751	819	967	1205
中级工	工时	1101	1200	1418	1767
初级工	工时	500	546	645	803
合计	工时	2502	2729	3223	4016
型钢	kg	8	11	13	18
木材	m^3	0.3	0.3	0.4	0.5
氧气	m^3	4	5	5.7	7.8
电焊条	kg	1.6	2	2.3	3.1
汽油 70#	kg	2.1	2.6	3	4
乙炔气	m^3	1.6	2	2.3	3.1
变压器油	kg	185	234	266	365
调合漆	kg	23	30	34	46
磁漆(酚醛)	kg	1.2	1.6	1.8	2.5
石棉布	m^2	21	27	30	41
电	kWh	9205	11650	13264	18179
镀锌螺栓 M16×70~140	10套	0.8	1	1.2	1.6
钢板垫板	kg	19	23	26	37
滤油纸 300×300	张	922	1167	1328	1821
枕木 2500×200×160	根	20	25	29	40
其他材料费	%	14	14	14	14
载重汽车 5t	台时	11	14	16	20
汽车起重机 12t	台时	15	17	21	26
汽车起重机 16t	台时	13	16	18	23
压力滤油机	台时	64	77	90	113
真空滤油机	台时	28	34	39	49
其他机械费	%	12	12	12	12
定额编号		08032	08033	08034	08035

续表

项目	单位	220kV 容量 (kVA)			
		≤180000	≤240000	≤300000	≤360000
工长	工时	265	287	313	342
高级工	工时	1325	1435	1565	1712
中级工	工时	1944	2104	2296	2511
初级工	工时	884	956	1044	1141
合计	工时	4418	4782	5218	5706
型钢	kg	20	22	24	26
木材	m^3	0.6	0.6	0.7	0.8
氧气	m^3	8.9	9.7	11	12
电焊条	kg	3.6	3.9	4.3	4.6
汽油 70#	kg	4.6	5	5.5	5.9
乙炔气	m^3	3.6	3.9	4.3	4.6
变压器油	kg	415	452	497	537
调合漆	kg	53	57	63	68
磁漆(酚醛)	kg	2.8	3	3.3	3.6
石棉布	m^2	47	51	56	61
电	kWh	20689	22507	24751	26738
镀锌螺栓 M16×70~140	10套	1.8	2	2.2	2.4
钢板垫板	kg	41	45	50	53
滤油纸 300×300	张	2071	2254	2478	2677
枕木 2500×200×160	根	45	49	54	58
其他材料费	%	14	14	14	14
载重汽车 5t	台时	22	23	25	27
汽车起重机 12t	台时	28	30	33	35
汽车起重机 30t	台时	17	18	20	21
压力滤油机	台时	123	131	142	154
真空滤油机	台时	54	58	62	68
其他机械费	%	12	12	12	12
定额编号		08036	08037	08038	08039

续表

项目	单位	330kV 容量 (kVA)			
		≤90000	≤150000	≤240000	≤360000
工长	工时	223	247	288	349
高级工	工时	1113	1231	1439	1747
中级工	工时	1632	1807	2110	2562
初级工	工时	742	821	959	1164
合计	工时	3710	4106	4796	5822
型钢	kg	12	13	17	18
木材	m^3	0.6	0.7	0.8	0.9
氧气	m^3	5.1	5.8	6.7	7.9
电焊条	kg	2.1	2.3	2.7	3.2
汽油 70#	kg	5.1	5.8	6.7	7.9
乙炔气	m^3	2.1	2.3	2.7	3.2
变压器油	kg	309	348	401	474
调合漆	kg	49	55	64	75
磁漆(酚醛)	kg	1.9	2.2	2.5	3
石棉布	m^2	41	46	53	63
电	kWh	23467	26467	30466	36016
镀锌螺栓 M16×70~140	10套	1.1	1.2	1.4	1.6
钢板垫板	kg	26	29	32	39
滤油纸 300×300	张	1567	1767	2034	2405
枕木 2500×200×160	根	38	43	49	58
其他材料费	%	12	12	12	12
载重汽车 5t	台时	18	20	21	26
汽车起重机 12t	台时	17	19	20	24
汽车起重机 40t	台时	12	13	14	17
压力滤油机	台时	78	86	93	112
真空滤油机	台时	34	38	41	49
其他机械费	%	18	18	18	18
定额编号		08040	08041	08042	08043

(3)单相双卷电力变压器

单位:台

项目	单位	220kV 容量 (kVA)			
		≤40000	≤60000	≤90000	≤120000
工长	工时	137	156	173	192
高级工	工时	684	780	866	957
中级工	工时	1004	1144	1269	1404
初级工	工时	456	519	577	638
合计	工时	2281	2599	2885	3191
型钢	kg	8.9	9.8	12	13
木材	m^3	0.3	0.3	0.3	0.4
氧气	m^3	4	4.4	5.1	5.7
电焊条	kg	1.6	1.7	2	2.3
汽油 70#	kg	2	2.3	2.6	2.9
乙炔气	m^3	1.6	1.8	2.1	2.3
变压器油	kg	184	203	239	264
调合漆	kg	23	26	30	34
磁漆(酚醛)	kg	1.2	1.4	1.6	1.8
石棉布	m^2	21	23	27	30
电	kWh	9181	10130	11904	13167
镀锌螺栓 M16×70~140	10套	0.8	0.9	1.1	1.2
钢板垫板	kg	18	20	24	26
滤油纸 300×300	张	919	1014	1192	1319
枕木 2500×200×160	根	20	22	26	29
其他材料费	%	14	14	14	14
载重汽车 5t	台时	11	13	15	16
汽车起重机 12t	台时	14	17	19	21
汽车起重机 16t	台时	13	15	16	18
压力滤油机	台时	62	74	83	92
真空滤油机	台时	27	33	36	40
其他机械费	%	12	12	12	12
定额编号		08044	08045	08046	08047

(4)单相三卷电力变压器

单位:台

项目	单位	220kV 容量 (kVA)			
		≤40000	≤60000	≤90000	≤120000
工长	工时	146	162	179	198
高级工	工时	729	809	897	990
中级工	工时	1069	1187	1315	1453
初级工	工时	486	540	598	660
合计	工时	2430	2698	2989	3301
型钢	kg	11	12	14	15
木材	m^3	0.3	0.3	0.4	0.4
氧气	m^3	4.7	5.1	6	6.7
电焊条	kg	1.9	2	2.4	2.7
汽油 70#	kg	2.4	2.6	3.1	3.4
乙炔气	m^3	1.9	2	2.4	2.7
变压器油	kg	219	237	280	309
调合漆	kg	28	30	36	39
磁漆(酚醛)	kg	1.5	1.6	1.9	2.1
石棉布	m^2	25	27	32	35
电	kWh	10912	11787	13953	15415
镀锌螺栓 M16×70~140	10套	1	1.1	1.2	1.4
钢板垫板	kg	21	23	27	30
滤油纸 300×300	张	1093	1180	1397	1544
枕木 2500×200×160	根	24	26	31	34
其他材料费	%	14	14	14	14
载重汽车 5t	台时	11	13	15	17
汽车起重机 12t	台时	15	17	19	21
汽车起重机 16t	台时	13	15	17	19
压力滤油机	台时	64	75	84	93
真空滤油机	台时	28	33	37	41
其他机械费	%	12	12	12	12
定额编号		08048	08049	08050	08051

续表

项目	单位	330kV 容量 (kVA)				500kV
		≤60000	≤90000	≤120000	≤150000	≤250000
工长	工时	178	201	221	231	258
高级工	工时	891	1006	1105	1156	1290
中级工	工时	1307	1475	1621	1695	1893
初级工	工时	594	671	737	771	860
合计	工时	2970	3353	3684	3853	4301
型钢	kg	15	17	18	19	26
木材	m^3	0.4	0.5	0.5	0.6	0.7
氧气	m^3	6.7	7.4	8.2	8.6	12
电焊条	kg	2.7	2.9	3.3	3.4	4.6
汽油 70#	kg	3.5	3.8	4.2	4.4	5.9
乙炔气	m^3	2.7	2.9	3.3	3.4	4.6
变压器油	kg	313	342	380	397	537
调合漆	kg	40	43	48	50	68
磁漆(酚醛)	kg	2.1	2.3	2.6	2.7	3.6
石棉布	m^2	36	39	43	45	61
电	kWh	15610	17055	18926	19800	26764
镀锌螺栓 M16×70~140	10套	1.4	1.5	1.7	1.8	2.4
钢板垫板	kg	30	33	38	40	54
滤油纸 300×300	张	1563	1708	1895	1983	2680
枕木 2500×200×160	根	34	37	41	43	58
其他材料费	%	14	14	14	14	14
载重汽车 5t	台时	16	17	19	20	22
汽车起重机 12t	台时	20	22	23	25	28
汽车起重机 40t	台时	7	8	8	9	10
压力滤油机	台时	88	97	104	110	124
真空滤油机	台时	39	42	45	48	54
其他机械费	%	12	12	12	12	12
定额编号		08052	08053	08054	08055	08056

八－2　断路器

单位:组

项目	单位	多油断路器35(kV)	少油断路器　电压　(kV)			
			35	110	220	330
工长	工时	9	6	14	31	44
高级工	工时	44	31	70	156	218
中级工	工时	63	45	103	229	320
初级工	工时	29	21	47	104	145
合计	工时	145	103	234	520	727
型钢	kg	3	3	5	10	18
紫铜片	kg				25	
氧气	m^3			5	7	9
电焊条	kg	0.4	0.4	1.4	2.8	4.5
汽油 70#	kg	5	4	10	12	16
乙炔气	m^3			2	2.8	3.6
变压器油	kg	14	11	31	47	58
磁漆(酚醛)	kg	1.8	2.5	4.9	5.6	7
镀锌螺栓 M16×14~60	10套	0.6	0.6	0.6	0.8	1
钢板垫板	kg	16	5	20	32	40
滤油纸 300×300	张	35	16	25	49	66
其他材料费	%	15	12	12	12	12
载重汽车 5t	台时	1.6	0.3	0.5	2	2.8
汽车起重机 5t	台时	1.6	0.6	2.9	12	17
压力滤油机	台时	7.2	0.8	1.9	7.8	11
电焊机 20~30kVA	台时	0.8	0.6	0.9	3.6	5.2
其他机械费	%	10	10	10	10	10
定额编号		08057	08058	08059	08060	08061

续表

项　　目	单位	空气断路器　电压　(kV)				
		35	110	220	330	500
工　　长	工时	9	28	56	80	113
高 级 工	工时	45	139	281	401	568
中 级 工	工时	66	204	412	589	832
初 级 工	工时	29	92	187	268	378
合　　计	工时	149	463	936	1338	1891
型　　钢	kg	3	5	11	15	22
紫 铜 管	kg	9.5	42	68	73	109
木　　材	m^3	0.1	0.2	0.4	0.5	0.8
氧　　气	m^3	2.2	6.6	12	19	22
电 焊 条	kg	0.4	1.2	2.5	4.3	6.8
铜 焊 条	kg	0.2	0.6	1.1	3	5.3
汽　　油 70#	kg	0.7	2	3.5	4.2	6
乙 炔 气	m^3	0.9	2.6	4.8	7.4	8.8
磁漆(酚醛)	kg	0.5	1.5	2.9	4	5.5
镀 锌 螺 栓 M16×14~60	10套	1	2.8	5	7.5	9
钢 板 垫 板	kg	4.7	9.5	16	19	27
其他材料费	%	15	15	15	15	15
载 重 汽 车 5t	台时	3.3	9.8	23	32	45
汽车起重机 5t	台时	2.3	6.9	16	22	32
电　焊　机 20~30kVA	台时	0.7	2	3.9	5.2	7.5
其他机械费	%	10	10	10	10	10
定 额 编 号		08062	08063	08064	08065	08066

续表

项目	单位	六氟化硫断路器 电压 (kV)				
		35	110	220	330	500
工长	工时	9	15	24	39	52
高级工	工时	43	74	121	195	262
中级工	工时	63	109	177	286	383
初级工	工时	28	49	80	130	174
合计	工时	143	247	402	650	871
型钢	kg	4.6	8	15	28	35
木材	m^3	0.1	0.2	0.5	0.7	1
氧气	m^3	2	3.5	8.5	17	23
电焊条	kg	1.5	3.5	6.4	12	19
汽油 70#	kg	4.2	8.5	13	20	28
乙炔气	m^3	0.8	1.4	3.4	6.6	9.2
磁漆(酚醛)	kg	2.2	5.8	13	21	27
镀锌螺栓 M20×30~80	10套	5.5	9	19	29	35
钢板垫板	kg	11	18	29	51	68
六氟化硫	kg	0.1	0.3	0.5	0.8	1
其他材料费	%	14	14	14	14	14
载重汽车 5t	台时	1	1.2	2.8	3.7	5.3
汽车起重机 5t	台时	1	6	14		
汽车起重机 12t	台时				13	18
电焊机 20~30kVA	台时	1.2	1.4	3.4	4.5	6.4
其他机械费	%	10	10	10	10	10
定额编号		08067	08068	08069	08070	08071

八－3　隔离开关

单位：组(台)

项　　目	单位	35kV		
		单　相	三　相	三相带接地刀
工　　长	工时	2	3	4
高 级 工	工时	10	17	20
中 级 工	工时	15	26	28
初 级 工	工时	7	12	13
合　　计	工时	34	58	65
型　　钢	kg	5	7.5	8.2
钢　　管	kg	5.5	13	20
电 焊 条	kg	0.8	1.2	1.5
调 合 漆	kg	0.6	1.4	1.4
镀锌螺栓 M18×100～150	10套	1.6	3.3	3.8
钢板垫板	kg	1.5	3.9	5
其他材料费	%	12	12	12
电　焊　机 20～30kVA	台时	1.6	3.7	3.7
其他机械费	%	10	10	10
定额编号		08072	08073	08074

续表

项　　目	单位	110kV			
		单　相	三　相	三相带接地刀	安装高度超6m
工　　长	工时	2	4	5	6
高 级 工	工时	11	22	25	29
中 级 工	工时	17	32	37	43
初 级 工	工时	8	14	17	20
合　　计	工时	38	72	84	98
型　　钢	kg	9.4	13	13	13
钢　　管	kg	7.5	16	33	33
电 焊 条	kg	1.1	1.7	1.7	1.7
调 合 漆	kg	0.8	1.5	1.5	1.5
镀锌螺栓 M18×100～150	10套	2.2	5	5.5	5.5
钢板垫板	kg	3.5	7.6	7.6	7.6
其他材料费	%	12	12	12	12
载重汽车 5t	台时	0.2	0.3	0.3	0.3
汽车起重机 5t	台时	0.6	1.6	1.6	0.3
汽车起重机 8t	台时				1.1
其他机械费	%	20	15	15	15
定额编号		08075	08076	08077	08078

续表

项目	单位	220kV			
		三相	三相带单接地刀	三相带双接地刀	安装高度超6m
工长	工时	12	13	14	16
高级工	工时	58	65	70	78
中级工	工时	85	94	103	114
初级工	工时	39	43	47	52
合计	工时	194	215	234	260
型钢	kg	29	37	44	52
钢管	kg	64	78	95	104
电焊条	kg	3.1	3.9	4.7	5.2
调合漆	kg	1.4	1.9	2.1	2.5
镀锌螺栓 M18×100~150	10套	7.5	9.4	12	13
钢板垫板	kg	6.1	8.6	10	11
其他材料费	%	12	12	12	12
载重汽车 5t	台时	0.5	0.5	0.5	0.6
汽车起重机 5t	台时	2.4	2.4	2.4	0.6
汽车起重机 8t	台时				2
其他机械费	%	14	14	14	14
定额编号		08079	08080	08081	08082

续表

项　　目	单位	330kV			
		三　相	三相带单接地刀	三相带双接地刀	安装高度超6m
工　　长	工时	18	19	21	25
高 级 工	工时	90	98	106	127
中 级 工	工时	131	143	155	186
初 级 工	工时	60	65	70	84
合　　计	工时	299	325	352	422
型　　钢	kg	42	50	62	62
钢　　管	kg	99	113	122	122
电 焊 条	kg	9.9	11	12	12
调 合 漆	kg	3.8	4.6	5.2	5.2
镀锌螺栓 M18×100~150	10套	9	10	12	12
钢板垫板	kg	14	17	19	19
其他材料费	%	12	12	12	12
载重汽车 5t	台时	1.3	1.3	1.3	1.3
汽车起重机 5t	台时	6.2	6.2	6.2	1.2
汽车起重机 8t	台时				3.8
其他机械费	%	16	16	16	16
定 额 编 号		08083	08084	08085	08086

续表

项目	单位	500kV			
		三相	三相带单接地刀	三相带双接地刀	安装高度超 6m
工长	工时	26	28	30	34
高级工	工时	131	139	148	169
中级工	工时	192	203	217	249
初级工	工时	87	92	98	113
合计	工时	436	462	493	565
型钢	kg	75	83	91	91
钢管	kg	147	163	179	179
电焊条	kg	15	16	18	18
调合漆	kg	6.2	6.9	7.6	7.6
镀锌螺栓 M18×100～150	10套	9	10	12	12
钢板垫板	kg	22	25	27	27
其他材料费	%	12	12	13	13
载重汽车 5t	台时	1.9	1.9	1.9	1.9
汽车起重机 5t	台时	9	9	9	1.7
汽车起重机 8t	台时				5.7
其他机械费	%	15	15	15	15
定额编号		08087	08088	08089	08090

八－4 互感器、避雷器、熔断器

(1)电流互感器

单位:台

项目	单位	电压 (kV)				
		35	110	220	330	500
工长	工时	1	1	2	3	3
高级工	工时	3	6	10	14	17
中级工	工时	4	8	15	20	26
初级工	工时	2	4	7	9	12
合计	工时	10	19	34	46	58
型钢	kg	6.1	7.7	9.3	12	12
电焊条	kg	0.8	1	1.2	1.5	1.6
变压器油	kg	0.6	0.8	1	1.3	1.4
调合漆	kg	0.8	1	1.2	1.5	1.6
镀锌螺栓 M16×14~60	10套	0.7	0.9	1.1	1.4	1.5
钢板垫板	kg	1.2	1.5	1.8	2.3	2.6
其他材料费	%	12	12	12	12	12
载重汽车 5t	台时	0.2	0.2	0.4	0.7	0.9
汽车起重机 5t	台时	0.5	0.5	1.1	2.1	2.3
电焊机 20~30kVA	台时	0.3	0.8	1.4	2.8	3.1
其他机械费	%	10	10	10	10	10
定额编号		08091	08092	08093	08094	08095

(2)电压互感器

单位:台

项目	单位	电压 (kV)				
		35	110	220	330	500
工长	工时	0.4	2	3	3	4
高级工	工时	2	11	16	17	22
中级工	工时	3.2	17	23	26	32
初级工	工时	1.4	8	11	12	14
合计	工时	7.0	38	53	58	72
型钢	kg	6	8	12	13	15
电焊条	kg	0.6	1.2	3.2	3.5	4
变压器油	kg	1	4.6	14	16	18
调合漆	kg	0.8	1.8	4.5	5	5.7
镀锌螺栓 M16×14～60	10套	1	1.3	1.3	1.3	1.3
钢板垫板	kg	1.2	2.7	6.5	7.5	8.6
其他材料费	%	12	12	12	12	12
载重汽车 5t	台时	0.2	0.4	0.5	0.9	0.9
汽车起重机 5t	台时	0.5	1.3	1.5	2.9	2.9
电焊机 20～30kVA	台时	0.3	2	2.5	4.6	4.6
其他机械费	%	10	10	10	10	10
定额编号		08096	08097	08098	08099	08100

(3)避雷器安装

单位:组

项目	单位	电压 (kV)				
		35	110	220	330	500
工长	工时	0.7	2	5	6	8
高级工	工时	3.6	11	25	31	39
中级工	工时	5.3	17	37	45	57
初级工	工时	2.4	8	17	21	26
合计	工时	12	38	84	103	130
型钢	kg	4.4	14	17	19	21
紫铜片	kg	0.1	0.8	1	1.1	1.2
氧气	m^3		4.1	5.2	6	6.6
电焊条	kg	0.6	4.7	5.8	6.5	7.2
乙炔气	m^3		1.6	2.1	2.4	2.7
调合漆	kg	0.4	3.3	4.1	4.6	5.1
镀锌螺栓 M18×100~150	10套	2.2	2.6	3.2	3.2	4.5
钢板垫板	kg	1.3	6.1	7.5	8.4	9.3
其他材料费	%	15	15	15	15	15
汽车起重机 5t	台时		1.7	3.1		
汽车起重机 12t	台时				4.0	4.0
电焊机 20~30kVA	台时	1.1	1.5	2	3.9	4.5
其他机械费	%	10	10	10	10	10
定额编号		08101	08102	08103	08104	08105

(4)高压熔断器

单位:组

项　　目	单位	电　压 (kV)
		35
工　　长	工时	1.8
高 级 工	工时	8
中 级 工	工时	11
初 级 工	工时	5.2
合　　计	工时	26
型　　钢	kg	6.8
电 焊 条	kg	0.5
调 合 漆	kg	0.3
镀锌螺栓 M12×80~160	10套	1.8
钢板垫板	kg	0.7
其他材料费	%	17
卷 扬 机 5t	台时	0.7
电 焊 机 20~30kVA	台时	0.6
其他机械费	%	10
定额编号		08106

八－5　一次拉线及其他设备

(1)高频阻波器

单位:只

项　　目	单位	规　格　(A/kV)				
		≤500/35	≤800/110	≤1200/220	≤1500/330	≤2500/500
工　　长	工时	1	1	2	2	3
高 级 工	工时	4	6	9	11	13
中 级 工	工时	6	8	14	15	19
初 级 工	工时	3	4	6	7	8
合　　计	工时	14	19	31	35	43
直角挂板 Z－12	只	2.2	2.2	3	4.7	6
球头挂环 Q－6	个	1.7	1.7	2.4	3.7	4.8
碗头挂环 W－6	个	1.7	1.7	2.4	3.7	4.8
其他材料费	%	13	13	13	13	13
卷 扬 机 5t	台时	0.4	0.7	1.1	4.7	4.7
其他机械费	%	10	10	10	10	10
定额编号		08107	08108	08109	08110	08111

(2)耦合电容器

单位:台

项目	单位	型号规格			
		OY35	OY110/3	OY220/3	OY330/3
工长	工时	1	0.7	2	3
高级工	工时	3	4	9	13
中级工	工时	4	5.7	14	19
初级工	工时	2	2.6	6	8
合计	工时	10	13	31	43
型钢	kg	5.7	6.9	45	55
电焊条	kg	0.3	0.3	2.1	2.6
调合漆	kg	0.4	0.4	2.6	3.2
镀锌螺栓 M12×14~75	10套	0.6	0.6	3.9	4.8
其他材料费	%	13	13	13	13
汽车起重机 5t	台时	0.5	1.2	3.9	5.1
电焊机 20~30kVA	台时	0.2	0.2	0.6	0.8
其他机械费	%	10	10	10	10
定额编号		08112	08113	08114	08115

(3)一次拉线

单位:100m/单相

项　　目	单位	电　压　(kV)				用双串绝缘子外加
		≤35	≤110	≤220	>220	110~220kV
工　　长	工时	5	6	9	14	0.5
高 级 工	工时	26	29	43	70	2.5
中 级 工	工时	38	43	63	103	3.7
初 级 工	工时	17	20	28	47	1.7
合　　计	工时	86	98	143	234	8.4
汽　　油 70#	kg	2.6	4.3	4.3	8	
镀锌螺栓 M14×14~70	10套	2.9	4	4	7.6	
直角挂板 Z-12	只	6.1	7.1	7.1	7.1	7.1
球头挂环 Q-6	个	6.1	7.1	7.1	7.1	7.1
碗头挂环 W-6	个	6.1	7.1	7.1	7.1	7.1
U 型 环 U-16	个					7.1
二　　联 L-16	块					7.1
其他材料费	%	15	15	15	15	11
载重汽车 5t	台时	0.1	0.2	0.2	0.2	0.4
汽车起重机 5t	台时	0.1	0.2	0.2	0.3	
卷 扬 机 5t	台时	1.3	1.5	1.5	2.3	0.2
其他机械费	%	5	5	5	5	5
定额编号		08116	08117	08118	08119	08120

(4)铝管型母线

单位:10m/单相

项目	单位	≤220kV			>220kV		
		铝管 Φ≤mm					
		50	80	114	50	80	114
工长	工时	1	2	2	2	2	3
高级工	工时	7	8	9	11	11	13
中级工	工时	10	11	14	15	17	19
初级工	工时	4	5	6	7	8	8
合计	工时	22	26	31	35	38	43
型钢	kg	2.4	3	3.7	2.6	3.2	3.8
氩气	m^3	1.1	1.4	1.7	1.2	1.5	1.8
磁漆(酚醛)	kg	0.3	0.4	0.5	0.3	0.4	0.5
镀锌螺栓 M12×14~75	10套	0.2	0.3	0.4	0.3	0.3	0.4
固定金具 MGG-80~120	套	1.6	2	2.5	1.9	2.3	2.8
其他材料费	%	16	16	16	16	16	16
氩弧焊机	台时	3.2	3.3	3.3	4.3	4.3	4.4
普通车床 Φ400×600	台时	1.3	1.4	1.4	1.8	1.8	1.8
其他机械费	%	5	5	5	5	5	5
定额编号		08121	08122	08123	08124	08125	08126

(5)钢管型母线

单位:10m/单相

项目	单位	≤220kV			>220kV		
		钢管 Φ≤mm					
		50	80	114	50	80	114
工长	工时	2	2	2	3	3	3
高级工	工时	9	11	12	13	14	16
中级工	工时	14	15	18	19	21	23
初级工	工时	6	7	8	8	10	11
合计	工时	31	35	40	43	48	53
型钢	kg	1.4	1.7	2	1.8	2	2.3
电焊条	kg	0.3	0.4	0.4	0.4	0.4	0.5
磁漆(酚醛)	kg	0.4	0.4	0.5	0.4	0.5	0.6
镀锌螺栓 M12×14~75	10套	1.1	1.3	1.6	1.4	1.6	1.8
母线金具 MGT	套	4	4.7	5.5	4.9	5.7	6.4
其他材料费	%	19	19	19	19	19	19
电焊机 20~30kVA	台时	11	12	12	13	14	14
普通车床 Φ400×600	台时	3.7	3.9	4	4.4	4.6	4.8
其他机械费	%	17	17	17	17	17	17
定额编号		08127	08128	08129	08130	08131	08132

第九章

通信设备安装

说　明

一、本章包括载波通信、生产调度通信、生产管理通信、微波通信和卫星通信等设备安装共五节。

二、载波通信设备安装

1.本节按电压等级及载波机台数选用子目,“第一台”与“连续一台”子目的区别在于“第一台”子目内包括了几台共用的电源设备。当变电站载波通信有两种不同电压等级时,应按高电压等级采用“第一台”子目,其余各台均按各台电压等级的“连续一台”子目计算。

2.一组电源设备,包括交流机组一套、交流稳压器二台、电源自动切换盘一块。

3.载波机的配套装置,包括高频阻波器、高压耦合电容器、结合滤波器、单相户外式接地闸刀、高频同轴电缆。配套装置的数量和载波器的台数相同。

4.工作内容,包括设备器材检查、清扫、搬运、安装、调试及完工清理。

5.高频阻波器和高压耦合电容器安装已包括在第八章第五节一次拉线及其他安装定额内。

未计价材料,包括通信线、电缆、埋设管材、瓷瓶和设备基础所用的钢材。

三、生产调度通信设备安装

1.本节以调度电话总机容量编列子目。

2.工作内容,包括调度电话总机、电话分机、电源设备、配线架、分线盒、铃流发生器、电话机保安器等设备的安装、调试、分机线路敷设、管路埋设等。

未计价材料,包括设备基础型钢、通信线、电缆、埋设管材、出线瓷瓶。

四、生产管理通信设备安装

1.本节以自动电话交换机总容量编列子目。

2.程控通信设备的工作内容,包括程控机及配套电话机安装,分线盒、接线盒及总机房电话线安装。不包括电源设备及防雷接地的安装。

未计价材料,包括通信线、电缆、埋设管材、瓷瓶和设备基础用钢材。

五、微波通信设备安装

1.设备安装,包括搬运、开箱检查,微波机、电视解调盘、监测机及交流稳压器安装,接线及核对等工作内容。

2.天线安装,包括搬运、吊装就位、固定及对俯仰角等内容,但不包括铁塔站本身安装。

未计价材料,包括通信线、电缆、埋设管材、瓷瓶和设备基础用钢材。

六、卫星通信设备安装

1.设备安装,包括天线座架、天线主副反射面、驱动及附属设备安装调试,天馈线系统调试,地球站设备的站内环测、验证测试及连通测试等工作内容。

2.不包括电源设备及防雷接地安装。

七、本章定额不包括对外通信线路架设和微波塔的安装。

九－1　载波通信设备

单位:台

项目	单位	35kV 载波通信		110kV 载波通信	
		第一台	连续一台	第一台	连续一台
工长	工时	12	9	26	22
高级工	工时	72	52	154	131
中级工	工时	108	79	231	196
初级工	工时	48	35	103	87
合计	工时	240	175	514	436
电焊条	kg	2	1.3	5	2.4
焊锡	kg	0.3	0.2	0.5	0.4
调合漆	kg	0.4	0.3	0.4	0.3
防锈漆	kg	0.4	0.4	0.4	0.2
塑料软管	kg	1.2		1.2	
胶木线夹	付	10		10	
镀锌螺栓 M10×14~70	套	6.1		15	
M12×14~75	套	6.1	6.1	6.1	6.1
M18×100~150	套	8.2	8.2	8.2	8.2
膨胀螺栓 Φ12	套	4	4	4	4
木脚手架杆	根			1.4	1.4
脚手板	块			0.3	0.2
焊锡丝	kg	0.3	0.2	0.5	0.3
其他材料费	%	11	11	20	19
载重汽车 5t	台时	0.2	0.1	0.2	0.2
汽车起重机 5t	台时	0.2	0.1	0.2	0.2
卷扬机	台时	0.2	0.1	0.2	0.2
电焊机 20~30kVA	台时	4.8	1.3	12	6
其他机械费	%	10	10	10	10
定额编号		09001	09002	09003	09004

续表

项目	单位	220kV载波通信		330kV载波通信	
		第一台	连续一台	第一台	连续一台
工长	工时	29	24	45	40
高级工	工时	175	142	273	240
中级工	工时	263	213	410	360
初级工	工时	117	95	182	159
合计	工时	584	474	910	799
电焊条	kg	5.8	2.9	8	5.6
焊锡	kg	0.6	0.4	0.9	0.7
调合漆	kg	0.8	0.3	1.3	1
防锈漆	kg	0.5	0.2	0.8	0.7
塑料软管	kg	1.2		1.2	0.6
铅丝 Φ4.0	kg	4		7.5	6.5
胶木线夹	付	10		10	
镀锌螺栓 M10×14~70	套	22	15	40	30
M12×14~75	套	6.1	6.1	6.1	6.1
M18×100~150	套	8.2	8.2	20	12
膨胀螺栓 Φ10	套			8	
Φ12	套	4	4	4	4
木脚手架杆	根	1.4	1.4	1.7	1.7
脚手板	块	0.3	0.2	0.4	0.4
焊锡丝	kg	0.5	0.3	0.7	0.5
其他材料费	%	14	20	20	12
载重汽车 5t	台时	0.3	0.2	0.6	0.3
汽车起重机 5t	台时	0.3	0.2	0.6	0.3
卷扬机	台时	0.4	0.2	0.6	0.3
电焊机 20~30kVA	台时	12	6	18	12
其他机械费	%	10	10	10	10
定额编号		09005	09006	09007	09008

九－2 生产调度通信设备

单位:套

项目	单位	总机容量（门）		
		20	40	70
工长	工时	24	34	61
高级工	工时	146	203	367
中级工	工时	220	304	550
初级工	工时	98	135	244
合计	工时	488	676	1222
焊锡	kg	0.5	0.6	1.2
塑料软管 Φ6	m	0.9	2	3.5
塑料膨胀管 Φ6～8	个	216	416	743
塑料导线	m	178	326	565
铜接线端子 30A	只	25	45	120
钢管管接头 3×25～32	个	6.8	8.2	15
锁紧螺母 3×15～20	个	112	156	267
塑料护口 15～20	个	112	156	267
焊锡丝	kg	0.2	0.2	0.3
各种穿钉	付	15	20	35
塑料槽板	m	74	130	262
其他材料费	%	12	11	9
载重汽车 5t	台时	5.3	5.3	5.3
吹风机 $3m^3/min$	台时	0.4	1	2.1
电焊机 20～30kVA	台时	5.5	16	33
电动弯管机	台时	0.3	0.6	1.2
其他机械费	%	10	10	10
定额编号		09009	09010	09011

九－3 生产管理通信设备

程控通信设备

单位:套

项目	单位	交换机容量(门)					
		≤100	≤200	≤400	≤800	≤1000	≤1200
工长	工时	66	121	236	779	924	1110
高级工	工时	396	729	1415	4673	5548	6657
中级工	工时	595	1093	2121	7010	8322	9986
初级工	工时	264	486	942	3116	3699	4438
合计	工时	1321	2429	4714	15578	18493	22191
电话线	m	100	200	400	800	1000	1200
塑料膨胀管	个	2380	4759	9518	19035	23793	28552
镀锌螺栓	套	2380	4759	9518	19035	23793	28552
镀锌铁丝	kg	1	2	3	5	7	8
其他材料费	%	16	16	16	13	13	13
载重汽车 5 t	台时	4	8	10	16	19	21
其他机械费	%	18	18	18	18	18	18
定额编号		09012	09013	09014	09015	09016	09017

九－4 微波通信设备

单位:套

项目	单位	设备安装	铁塔站天线 (m)	
			≤60	≤80
工长	工时	5	54	62
高级工	工时	31	322	370
中级工	工时	46	483	556
初级工	工时	21	214	247
合计	工时	103	1073	1235
角钢	kg	5.2		
木材	m^3		0.1	0.1
汽油 70#	kg	0.4	2	2
塑料软管	m	2		
黑胶布	卷	0.2		
铅丝 Φ1.5	kg	0.5		
铁件	kg		20	20
馈线卡簧	kg		40	40
镀锌螺栓 M8×20～35	套	12		
M12～100	套	4		
电焊条	kg		1	1
焊锡丝	kg	0.5		
双芯屏线	m	6		
双芯线插头	个	2		
钩头螺栓 Φ10	套	1		
塑料电缆	m	4.5		
其他材料费	%	8	8	8
载重汽车 5t	台时	1.1	5.3	5.3
卷扬机 5t	台时		6.8	6.8
电焊机 20～30kVA	台时	0.6	12	12
其他机械费	%	10	10	10
定额编号		09018	09019	09020

九－5　卫星通信设备

单位:站

项　　目	单位	天　线　直　径　(m)		
		6～8	9～11	12～13
工　　长	工时	1897	2296	2483
高 级 工	工时	11381	13774	14903
中 级 工	工时	17072	20661	22354
初 级 工	工时	7587	9183	9935
合　　计	工时	37937	45914	49675
锡黄铜焊丝	kg	9	10	11
焊　　锡	kg	13	13	13
氯磺化底漆	kg	101	139	158
汽　　油	kg	179	221	249
柴　　油	kg	50	62	78
不 锈 钢 丝	kg	3	7	8
其他材料费	%	16	14	14
汽车起重机 8t	台时	100	116	122
汽车起重机 16t	台时	11	33	44
汽车起重机 30t	台时	11	22	22
电　焊　机 20～30kVA	台时	46	46	46
空气压缩机 0.6m³/min	台时	38	63	95
载 重 汽 车 5t	台时	22	44	50
其他机械费	%	15	15	16
定 额 编 号		09021	09022	09023

第十章

电　气　调　整

说　　明

一、本章包括水轮发电机组系统、电力变压器系统、自动及特殊保护装置、母线系统、接地装置、起重及电传设备、直流及硅整流设备、电动机、避雷器及耦合电容器设备的调整共九节。

二、本章定额中的材料费和机械费(仪表使用费)按人工费的100%计算,其中材料费为5%,机械费为95%。

三、水轮发电机组系统

1.工作内容,包括机组本体、机组引出口至主变压器低压侧和发电电压母线及中性点等范围内的一次设备(如断路器、隔离开关、互感器、避雷器、消弧线圈、引出口母线或电缆等),隶属于机组本体专用的控制、保护、测量及信号等二次设备和回路(如测量仪表、继电保护、励磁系统、调速系统、信号系统、同期回路等),以及机组专用和机旁动力电源供电装置(如机房盘)等的调整试验工作。

2.本节定额不包括备用励磁系统、全厂合用同期装置及机组启动试运转期间的调试(包括在联合试运转费内)。

3.本节按机组单机容量选用子目。

四、电力变压器系统

1.工作内容,包括变压器本体、高低压侧断路器、隔离开关、互感器、避雷器、冷却装置、继电保护和测量仪表等一次回路(母线或电缆)和二次回路的调整试验,还包括变压器的油耐压试验和空载投入试验。

2.本节定额不包括避雷器、消弧线圈、接地装置、馈电线路及母线系统的调整试验工作。

3.如有“带负荷调压装置”调试时,定额乘以1.12系数。

4.单相变压器如带一台备用变压器时,定额乘以1.2系数。

5.本节定额系根据双卷变压器编制,如遇三卷变压器则按同容量定额乘以1.2系数。

五、自动及特殊保护装置

1.工作内容,包括装置本体、继电器及二次回路的检查试验和投入运行。

2.备用电源自动投入装置调整试验,系按一段母线只有一台工作电源断路器和一台备用电源断路器为一系统计算。

3.特殊保护装置调整以构成一个保护回路为一套计算。

4.失灵保护可套用故障录波器定额。

5.高频保护包括收、发讯机。

六、母线系统

1.工作内容,包括母线安装后耐压、压接母线的接触电阻测试、环型小母线检查和母线绝缘监视装置、电压互感器、避雷器等的调整试验工作。

2.本节定额不包括特殊保护装置的调整试验和35kV以上母线及设备耐压试验。

3.1kV以下的母线系统,适用于低压配电装置母线,不适用于母线通道和动力配电箱的母线调整试验。

4.母线系统,是以一段母线上有一组电压互感器为一个系统计算,旁路母线、联络断路器及分段断路器,可套用相同电压等级的母线系统子目。

七、接地装置

1.工作内容,包括避雷针接地、电阻测试及整个电站接地网电阻测试工作。

2.电站接地网电阻测试系指较大范围接地网,定额中未包括测试用临时接地板制作安装和其所需的导线摊销,导线可按30%计算摊销。

八、起重设备及电传设备

1.工作内容,包括电动机本体、控制器、控制盘、电阻、继电保护、测量仪表、各元件及二次回路和空载运转的调整试验工作。

2.本节不包括电源滑触线及联络开关、电源开关、联锁开关的调整试验工作,应另套1kV以下输电系统调整试验定额。

3.起重设备按起重能力或设备自重选用子目,电梯按4m为一层(站)。

4.半自动电梯,套用自动电梯相应定额子目乘以0.6系数。

九、直流及硅整流设备

1.工作内容,包括电机开关、调压起动设备、整流变压器及一、二次回路的调整试验工作。

2.可控硅整流设备的调试,应按相应硅整流设备定额乘以1.4系数。

十、电动机

工作内容,包括电动机本体、隔离开关、启动设备及控制回路的调整试验工作。

十一、避雷器及耦合电容器设备

工作内容,包括避雷器及耦合电容器的调整试验等工作。

十二、其他

1.本章不包括各种电器设备烘干处理、电缆故障查找、电动机抽芯检查以及由于设备元件缺陷造成的更换和修理,亦未考虑由于设备元件质量低劣对调试工效的影响。

2.本章各电气调整定额中已包括的设备,不能再套单个设备的电气调整定额。

十－1　水轮发电机组系统

单位：系统

项目	单位	容量（MW）			
		50～75	≤150	≤200	≤250
工长	工时	187	234	292	336
高级工	工时	1560	1944	2432	2799
中级工	工时	1092	1361	1702	1959
初级工	工时	280	350	438	503
合计	工时	3119	3889	4864	5597
定额编号		10001	10002	10003	10004

续表

项目	单位	容量（MW）		
		≤300	≤500	>500
工长	工时	370	406	446
高级工	工时	3077	3384	3722
中级工	工时	2154	2369	2605
初级工	工时	554	609	670
合计	工时	6155	6768	7443
定额编号		10005	10006	10007

十－2　电力变压器系统

(1)三相

单位:系统

项　　目	单位	容　量 (MVA)			
		≤0.56	≤7.50	≤20	≤60
工　　长	工时	11	26	40	52
高 级 工	工时	92	215	330	435
中 级 工	工时	64	150	231	304
初 级 工	工时	16	39	59	78
合　　计	工时	183	430	660	869
定额编号		10008	10009	10010	10011

续表

项　　目	单位	容　量 (MVA)			
		≤150	≤240	≤300	≤360
工　　长	工时	66	78	96	106
高 级 工	工时	546	655	797	881
中 级 工	工时	382	458	558	617
初 级 工	工时	98	118	143	158
合　　计	工时	1092	1309	1594	1762
定额编号		10012	10013	10014	10015

(2)单　相

单位:系统

项　　目	单位	容　量 (MVA)				
		≤10.5	≤20	≤60	≤120	≤250
工　　长	工时	39	47	60	78	114
高 级 工	工时	325	393	498	655	943
中 级 工	工时	227	275	348	458	661
初 级 工	工时	58	71	90	118	170
合　　计	工时	649	786	996	1309	1888
定额编号		10016	10017	10018	10019	10020

十－3　自动及特殊保护装置

(1)自动投入装置

单位:系统

项　　目	单位	备用电源自动投入	备用电动机自动投入	线路自动重合闸		综合重合闸装置
				单侧电源	双侧电源	
工　　长	工时	4	2	2	10	23
高 级 工	工时	37	16	16	90	194
中 级 工	工时	26	11	11	62	136
初 级 工	工时	6	3	3	16	35
合　　计	工时	73	32	32	178	388
定额编号		10021	10022	10023	10024	10025

续表

项目	单位	自动调频	同期装置		
			自动	手动	半自动无励磁式
工长	工时	27	19	7	11
高级工	工时	226	162	63	94
中级工	工时	158	114	44	66
初级工	工时	41	30	11	17
合计	工时	452	325	125	188
定额编号		10026	10027	10028	10029

(2)特殊保护装置

单位:套(台)

项目	单位	振荡闭锁装置	距离保护装置	高频保护装置	三段以上零序保护装置	线路纵横差保护装置
工长	工时	5	23	28	10	7
高级工	工时	42	194	230	89	58
中级工	工时	29	136	162	62	40
初级工	工时	8	35	41	16	10
合计	工时	84	388	461	177	115
定额编号		10030	10031	10032	10033	10034

续表

项　　目	单位	失磁保护	母线差动保护	故障录波器	交流器断线保护
工　　长	工时	3	11	18	9
高 级 工	工时	26	94	146	74
中 级 工	工时	18	66	102	51
初 级 工	工时	5	17	26	14
合　　计	工时	52	188	292	148
定额编号		10035	10036	10037	10038

续表

项　　目	单位	水位测量收发信号	可控硅励磁	备用励磁	发电机特殊保护	断路器失灵保护
工　　长	工时	8	56	47	13	17
高 级 工	工时	76	472	393	110	146
中 级 工	工时	53	330	275	76	102
初 级 工	工时	13	84	70	19	26
合　　计	工时	150	942	785	218	291
定额编号		10039	10040	10041	10042	10043

(3)事故照明及中央信号装置

单位:套(台)

项　　目	单位	事故照明切换装置	蓄电池及直流盘监视	按周波减负荷装置
工　　长	工时	2	8	10
高 级 工	工时	16	68	89
中 级 工	工时	11	48	62
初 级 工	工时	3	12	16
合　　计	工时	32	136	177
定额编号		10044	10045	10046

续表

项　　目	单位	远动装置(本　体)	变送器屏	中央信号装　　置
工　　长	工时	38	31	19
高 级 工	工时	320	257	158
中 级 工	工时	224	180	110
初 级 工	工时	57	46	28
合　　计	工时	639	514	315
定额编号		10047	10048	10049

十－4　母线系统

单位:段(系统)

项　　目	单位	母线电压(kV)		
		≤1	≤10	≤35
工　　长	工时	2	6	10
高 级 工	工时	16	52	84
中 级 工	工时	11	37	58
初 级 工	工时	3	10	15
合　　计	工时	32	105	167
定额编号		10050	10051	10052

续表

项　　目	单位	母线电压(kV)		
		≤220	≤330	≤500
工　　长	工时	14	22	27
高 级 工	工时	121	178	230
中 级 工	工时	84	125	162
初 级 工	工时	22	31	42
合　　计	工时	241	356	461
定额编号		10053	10054	10055

十－5　接地装置

单位:根(系统)

项　　目	单位	接地极(根)	接地网(系统)
工　　长	工时	1	31
高 级 工	工时	10	259
中 级 工	工时	7	182
初 级 工	工时	2	46
合　　计	工时	20	518
定额编号		10056	10057

十－6　起重及电传设备

(1)桥式起重机

单位:台

项　　目	单位	主钩起重能力(t)				
		≤10	≤15	≤30	≤50	≤75
工　　长	工时	6	8	9	10	11
高 级 工	工时	52	66	74	84	92
中 级 工	工时	37	46	51	58	64
初 级 工	工时	10	12	14	15	16
合　　计	工时	105	132	148	167	183
定额编号		10058	10059	10060	10061	10062

续表

项目	单位	主钩起重能力(t)			
		≤200	≤600	≤800	≤1200
工长	工时	13	18	22	28
高级工	工时	105	144	183	230
中级工	工时	74	101	128	162
初级工	工时	18	26	34	41
合计	工时	210	289	367	461
定额编号		10063	10064	10065	10066

(2)门式起重机

单位:台

项目	单位	设备自重(t)			
		≤50	≤200	≤600	≤800
工长	工时	16	26	34	47
高级工	工时	131	210	288	393
中级工	工时	92	146	202	275
初级工	工时	23	38	52	71
合计	工时	262	420	576	786
定额编号		10067	10068	10069	10070

(3)油压启闭机

单位:台

项目	单位	设备自重(t)	
		快速	非快速
工长	工时	13	8
高级工	工时	105	66
中级工	工时	74	46
初级工	工时	18	12
合计	工时	210	132
定额编号		10071	10072

(4)固定式卷扬机

单位:台

项目	单位	设备自重(t)			
		≤5	≤10	≤30	>30
工长	工时	2	4	7	14
高级工	工时	18	34	63	115
中级工	工时	13	24	44	81
初级工	工时	3	6	11	21
合计	工时	36	68	125	231
定额编号		10073	10074	10075	10076

(5)交流自动电梯(信号式集控)

单位:部

项　　目	单位	层　(站)/m			
		5/20	10/40	15/60	20/80
工　　长	工时	13	19	27	34
高 级 工	工时	105	162	226	288
中 级 工	工时	74	114	158	202
初 级 工	工时	18	30	41	52
合　　计	工时	210	325	452	576
定额编号		10077	10078	10079	10080

续表

项　　目	单位	层　(站)/m		
		30/120	40/160	50/200
工　　长	工时	49	64	79
高 级 工	工时	409	534	661
中 级 工	工时	286	374	462
初 级 工	工时	74	96	119
合　　计	工时	818	1068	1321
定额编号		10081	10082	10083

(6)其　　他

单位:台

项　　目	单位	电动葫芦	电动闸阀	蝴蝶阀及旁通阀
工　　长	工时	1	1	14
高 级 工	工时	10	8	115
中 级 工	工时	7	5	81
初 级 工	工时	2	1	21
合　　计	工时	20	15	231
定额编号		10084	10085	10086

十－7　直流及硅整流设备

单位:系统

项　　目	单位	直流电机 ≤100kW	硅整流 (电压V)	
			≤36	≤220
工　　长	工时	7	7	10
高 级 工	工时	58	58	89
中 级 工	工时	40	40	62
初 级 工	工时	10	10	16
合　　计	工时	115	115	177
定额编号		10087	10088	10089

十－8　电动机

(1)低压电动机

单位:台(套)

项目	单位	低压/鼠笼电机			卷线型电机	有继电保护的电机
		刀开关控制	磁力启动	可调式控制		
工长	工时	1	3	5	6	10
高级工	工时	10	21	42	52	84
中级工	工时	7	15	30	37	58
初级工	工时	2	4	7	10	15
合计	工时	20	43	84	105	167
定额编号		10090	10091	10092	10093	10094

(2)高压电动机

单位:台(套)

项目	单位	高压/鼠笼电机		卷线型电机	同步电动机/降压启动		
		直接启动	降压启动		1000 kW	2000 kW	4000 kW
工长	工时	11	16	18	28	41	46
高级工	工时	92	131	152	236	341	382
中级工	工时	64	92	106	165	238	268
初级工	工时	16	23	27	42	62	69
合计	工时	183	262	303	471	682	765
定额编号		10095	10096	10097	10098	10099	10100

注　高压/鼠笼电动机直接启动的电压为≤6000V。

续表

项目	单位	同步电动机/直接启动(≤6000V)			
		500kW	1000kW	2000kW	4000kW
工长	工时	16	22	30	34
高级工	工时	131	183	250	288
中级工	工时	92	128	174	202
初级工	工时	23	34	45	52
合计	工时	262	367	499	576
定额编号		10101	10102	10103	10104

十-9 避雷器、耦合电容器设备

单位:组

项目	单位	电压 (kV)					
		≤20	≤35	≤110	≤220	≤330	≤500
工长	工时	4	5	7	10	14	17
高级工	工时	31	42	58	84	111	142
中级工	工时	22	29	40	58	78	99
初级工	工时	6	8	10	15	19	26
合计	工时	63	84	115	167	222	284
定额编号		10105	10106	10107	10108	10109	10110

第十一章

起重设备安装

说　　明

一、本章包括桥式起重机、门式起重机、油压启闭机、卷扬式启闭机、电梯、轨道和滑触线安装共七节。

二、桥式起重机安装

1.工作内容:

(1)设备各部件清点、检查;

(2)大车架及行走机构安装;

(3)小车架及运行机构安装;

(4)起重机构安装;

(5)操作室、梯子栏杆、行程限制器及其他附件安装;

(6)电气设备安装和调整;

(7)空载和负荷试验(不包括负荷器材本身)。

2.本节以"台"为计量单位,按桥式起重机主钩起重能力选用子目。

3.有关桥式起重机的跨度、整体或分段到货、单小车或双小车负荷试验方式等问题均已包括在定额内,使用时一律不作调整。

4.本节不包括轨道和滑触线安装、负荷试验物的制作和运输。

5.转子起吊如使用平衡梁时,桥式起重机的安装按主钩起重能力加平衡梁重量之和选用子目,平衡梁的安装不再单列。

三、门式起重机安装

1.工作内容:

(1)设备各部件清点、检查;

(2)门机机架安装;

(3)行走机构安装;

(4)起重卷扬机构安装;

(5)操作室和梯子栏杆安装；
(6)行程限制器及其他附件安装；
(7)电气设备安装和调整；
(8)空载和负荷试验(不包括负荷器材本身)。

2.本节以“台”为计量单位，按门式起重机自重选用子目。适用于水利工程永久设备的门式起重机安装。

3.本节不包括门式起重机行走轨道的安装、负荷试验物的制作和运输。

四、油压启闭机安装

1.工作内容：
(1)设备部件清点、检查；
(2)埋设件及基础框架安装；
(3)设备本体安装；
(4)辅助设备及管路安装；
(5)油系统设备安装及油过滤；
(6)电气设备安装和调整；
(7)机械调整及耐压试验；
(8)与闸门连接及启闭试验。

2.本节以“台”为计量单位，按油压启闭机自重选用子目。

3.本节不包括系统油管的安装和设备用油。

五、卷扬式启闭机安装

1.工作内容：
(1)设备清点、检查；
(2)基础埋设；
(3)本体及附件安装；
(4)电气设备安装和调整；
(5)与闸门连接及启闭试验。

2.本节以“台”为计量单位，按启闭机自重选用子目，适用于固定式或台车式、单节点和双节点卷扬式的闸门启闭机安装。

3.本节系按固定卷扬式启闭机拟定，如为台车式时安装定额乘以1.2系数，单节点和双节点不作调整。

4.本节不包括轨道安装。

5.本节亦适用于螺杆式启闭机安装。

六、电梯安装

1.工作内容:

(1)设备清点、检查;

(2)基础埋设;

(3)本体及轨道附件等安装;

(4)升降机械及传动装置安装;

(5)电气设备安装和调整;

(6)整体调整和试运转。

2.本节以“台”为计量单位，按升降高度选用子目。适用于水利工程中电梯设备的安装。

3.本节系以载重量5t及以内的自动客货两用电梯拟定，超过5t的大型电梯，安装定额可乘以1.2系数。

七、轨道安装

1.工作内容:

(1)基础埋设;

(2)轨道校正安装;

(3)附件安装。

2.本节以“双10m”(即单根轨道两侧各10m)为计量单位，按轨道型号选用定额。

3.本节适用于水利工程起重设备、变压器设备等所用轨道的安装。

4.本节不包括大车阻进器安装。阻进器的安装可套用第十二章第九节小型金属结构构件安装定额。

5.安装弧形轨道时,人工、机械定额乘以1.2系数。

未计价材料,包括轨道及主要附件。

八、滑触线安装

1.工作内容:

(1)基础埋设;

(2)支架及绝缘子安装;

(3)滑触线及附件校正安装;

(4)连接电缆及轨道接零;

(5)辅助母线安装。

2.本节以“三相10m”为计量单位,按起重机重量选用子目。适用于水利工程各类移动式起重机设备滑触线的安装。

未计价材料,包括滑触线、辅助母线及主要附件。

十一－1　桥式起重机

单位：台

项　　目	单位	起重能力（t）					
		10	20	30	50	75	100
工　　长	工时	80	98	117	144	171	199
高 级 工	工时	402	490	582	719	858	996
中 级 工	工时	724	883	1049	1294	1543	1791
初 级 工	工时	402	490	582	719	858	996
合　　计	工时	1608	1961	2330	2876	3430	3982
钢　　板	kg	76	94	112	158	204	250
型　　钢	kg	122	151	180	253	327	400
垫　　铁	kg	38	47	56	79	102	125
氧　　气	m^3	10	12	15	21	27	33
乙 炔 气	m^3	4	5	6	9	11	14
电 焊 条	kg	10	12	15	21	27	33
汽　　油 70#	kg	7	9	10	15	19	23
柴　　油 0#	kg	15	19	22	32	41	50
油　　漆	kg	9	11	13	18	23	28
木　　材	m^3	0.5	0.6	0.7	0.9	1.2	1.4
棉 纱 头	kg	12	15	18	25	33	40
机　　油	kg	9	11	13	19	24	30
黄　　油	kg	14	17	20	28	37	45
绝 缘 线	m	40	49	58	82	106	130
其他材料费	%	25	25	25	25	25	25
汽车起重机 8t	台时	15	18	21	27		
汽车起重机 10t	台时					12	16
门式起重机 10t	台时					25	33
卷 扬 机 5t	台时	29	35	44	57	83	109
电 焊 机 20～30kVA	台时	9	11	13	17	25	33
空气压缩机 $9m^3/min$	台时	9	11	13	17	25	33
载 重 汽 车 5t	台时	6	7	9	12	17	22
其他机械费	%	10	10	10	10	10	10
定 额 编 号		11001	11002	11003	11004	11005	11006

续表

项目	单位	起重能力（t）					
		125	150	175	200	250	300
工长	工时	226	260	298	334	404	478
高级工	工时	1132	1304	1492	1671	2021	2391
中级工	工时	2038	2346	2684	3007	3638	4305
初级工	工时	1132	1304	1492	1671	2021	2391
合计	工时	4528	5214	5966	6683	8084	9565
钢板	kg	291	336	376	416	456	536
型钢	kg	465	537	602	666	730	858
垫铁	kg	145	168	188	208	228	268
氧气	m^3	38	44	50	55	60	71
乙炔气	m^3	16	19	21	23	26	30
电焊条	kg	38	44	50	55	60	71
汽油 70#	kg	27	31	35	38	42	49
柴油 0#	kg	58	67	75	83	91	107
油漆	kg	33	38	42	47	51	60
木材	m^3	1.5	1.6	1.7	1.8	1.8	2
棉纱头	kg	47	54	60	67	73	86
机油	kg	35	40	45	50	55	64
黄油	kg	52	60	68	75	82	96
绝缘线	m	151	175	196	216	237	279
其他材料费	%	25	25	25	25	25	25
汽车起重机 10t	台时	20	23				
汽车起重机 20t	台时			27	31	41	49
门式起重机 10t	台时	41	48	57	64	85	100
卷扬机 5t	台时	136	159	187	211	279	332
电焊机 20~30kVA	台时	41	48	57	64	85	100
空气压缩机 $9m^3/min$	台时	41	48	57	64	85	100
载重汽车 5t	台时	27	32	38	43	56	67
其他机械费	%	10	10	10	10	10	10
定额编号		11007	11008	11009	11010	11011	11012

续表

项目	单位	起重能力（t）					
		350	400	450	500	550	600
工长	工时	550	616	685	758	831	896
高级工	工时	2749	3087	3428	3792	4153	4482
中级工	工时	4950	5556	6170	6826	7476	8068
初级工	工时	2749	3087	3428	3792	4153	4482
合计	工时	10998	12346	13711	15168	16613	17928
钢板	kg	616	696	776	850	929	1015
型钢	kg	986	1114	1242	1361	1487	1624
垫铁	kg	308	348	388	425	465	507
氧气	m^3	81	92	102	112	123	134
乙炔气	m^3	35	39	43	48	52	57
电焊条	kg	81	92	102	112	123	134
汽油 70#	kg	57	64	71	78	86	93
柴油 0#	kg	123	139	155	170	186	203
油漆	kg	69	78	87	95	104	114
木材	m^3	2.3	2.5	2.7	2.9	3	3.2
棉纱头	kg	99	111	124	136	149	162
机油	kg	74	84	93	102	112	122
黄油	kg	111	125	140	153	167	183
绝缘线	m	320	362	404	442	483	528
其他材料费	%	25	25	25	25	25	25
汽车起重机 30t	台时	56	62	70			
汽车起重机 50t	台时				77	85	91
门式起重机 10t	台时	115	129	144	159	175	188
卷扬机 5t	台时	381	426	474	526	578	621
电焊机 20～30kVA	台时	115	129	144	159	175	188
空气压缩机 $9m^3/min$	台时	115	129	144	159	175	188
载重汽车 5t	台时	77	86	96	106	117	125
其他机械费	%	10	10	10	10	10	10
定额编号		11013	11014	11015	11016	11017	11018

续表

项目	单位	起重能力（t）				
		650	700	800	900	1000
工长	工时	971	1040	1180	1315	1454
高级工	工时	4852	5198	5896	6573	7269
中级工	工时	8735	9358	10614	11831	13083
初级工	工时	4852	5198	5896	6573	7269
合计	工时	19410	20794	23586	26292	29075
钢板	kg	1096	1177	1389	1499	1657
型钢	kg	1754	1884	2223	2398	2651
垫铁	kg	548	589	695	749	829
氧气	m^3	145	155	183	198	219
乙炔气	m^3	61	66	78	84	93
电焊条	kg	145	155	183	198	219
汽油 70#	kg	101	108	128	138	152
柴油 0#	kg	219	235	278	300	331
油漆	kg	123	132	156	168	186
木材	m^3	3.3	3.5	3.9	4	4.3
棉纱头	kg	175	188	222	240	265
机油	kg	132	141	167	180	199
黄油	kg	197	212	250	270	298
绝缘线	m	570	612	722	779	862
其他材料费	%	25	25	25	25	25
汽车起重机 70t	台时	98	105	116		
汽车起重机 100t	台时				135	150
门式起重机 10t	台时	203	217	240	278	309
卷扬机 5t	台时	669	716	792	920	1020
电焊机 20~30kVA	台时	203	217	240	278	309
空气压缩机 $9m^3/min$	台时	203	217	240	278	309
载重汽车 5t	台时	135	144	160	186	206
其他机械费	%	10	10	10	10	10
定额编号		11019	11020	11021	11022	11023

十一-2 门式起重机

单位:台

项目	单位	设备自重(t)				
		50	75	100	125	150
工长	工时	157	187	218	249	284
高级工	工时	785	935	1083	1246	1421
中级工	工时	1411	1682	1950	2243	2556
初级工	工时	785	935	1083	1246	1421
合计	工时	3138	3739	4334	4984	5682
钢板	kg	263	396	530	672	801
型钢	kg	421	636	850	1078	1285
垫铁	kg	129	194	260	330	393
氧气	m^3	35	52	70	89	106
乙炔气	m^3	15	22	30	38	45
电焊条	kg	40	60	80	101	121
汽油 70#	kg	25	37	50	63	76
柴油 0#	kg	50	75	100	127	151
油漆	kg	30	45	60	76	91
木材	m^3	1.7	2.5	3.3	4.1	4.8
破布	kg	10	15	20	25	30
棉纱头	kg	30	45	60	76	91
机油	kg	30	45	60	76	91
黄油	kg	45	67	90	114	136
其他材料费	%	25	25	25	25	25
汽车起重机 10t	台时	18	27	36	46	
汽车起重机 20t	台时					50
卷扬机 5t	台时	95	143	191	242	289
电焊机 20~30kVA	台时	32	49	66	83	99
空气压缩机 9m^3/min	台时	32	49	66	83	99
载重汽车 5t	台时	22	33	44	55	66
轮胎起重机 25t	台时	27	41	55	69	83
其他机械费	%	10	10	10	10	10
定额编号		11024	11025	11026	11027	11028

续表

项目	单位	设备自重（t）				
		175	200	250	300	350
工长	工时	328	366	444	526	609
高级工	工时	1637	1827	2217	2632	3044
中级工	工时	2948	3289	3991	4736	5481
初级工	工时	1637	1827	2217	2632	3044
合计	工时	6550	7309	8869	10526	12178
钢板	kg	932	1075	1331	1598	1864
型钢	kg	1495	1724	2135	2563	2990
垫铁	kg	457	527	653	784	915
氧气	m^3	123	142	176	211	246
乙炔气	m^3	53	61	75	90	106
电焊条	kg	141	162	201	241	281
汽油 70#	kg	88	101	126	151	176
柴油 0#	kg	176	203	251	302	352
油漆	kg	106	122	151	181	211
木材	m^3	5.4	6.1	7.4	8.7	9.9
破布	kg	35	41	50	60	70
棉纱头	kg	106	122	151	181	211
机油	kg	106	122	151	181	211
黄油	kg	158	183	226	271	317
其他材料费	%	25	25	25	25	25
汽车起重机 20t	台时	58	66	82		
汽车起重机 30t	台时				99	115
卷扬机 5t	台时	337	387	480	576	672
电焊机 20~30kVA	台时	116	133	165	197	230
空气压缩机 9m³/min	台时	116	133	165	197	230
载重汽车 5t	台时	77	89	110	132	154
轮胎起重机 25t	台时	96	111	137	165	192
其他机械费	%	10	10	10	10	10
定额编号		11029	11030	11031	11032	11033

续表

项目	单位	设备自重（t）				
		400	450	500	550	600
工长	工时	683	738	793	847	902
高级工	工时	3415	3689	3966	4236	4514
中级工	工时	6145	6641	7138	7624	8124
初级工	工时	3415	3689	3966	4236	4514
合计	工时	13658	14757	15863	16943	18054
钢板	kg	2069	2326	2511	2704	2895
型钢	kg	3319	3730	4028	4337	4644
垫铁	kg	1015	1141	1232	1327	1420
氧气	m^3	273	307	332	357	382
乙炔气	m^3	117	132	142	153	164
电焊条	kg	312	351	379	408	437
汽油 70#	kg	195	219	237	255	273
柴油 0#	kg	390	439	474	510	546
油漆	kg	234	263	284	306	328
木材	m^3	11	12	13	13	14
破布	kg	78	88	95	102	109
棉纱头	kg	234	263	284	306	328
机油	kg	234	263	284	306	328
黄油	kg	351	395	426	459	492
其他材料费	%	25	25	25	25	25
汽车起重机 30t	台时	128				
汽车起重机 50t	台时		144	155	167	
汽车起重机 70t	台时					179
卷扬机 5t	台时	746	838	905	975	1044
电焊机 20～30kVA	台时	256	287	310	334	358
空气压缩机 $9m^3/min$	台时	256	287	310	334	358
载重汽车 5t	台时	170	192	207	223	239
轮胎起重机 25t	台时	213	240	259	279	298
其他机械费	%	10	10	10	10	10
定额编号		11034	11035	11036	11037	11038

续表

项目	单位	设备自重(t)				
		650	700	800	900	1000
工长	工时	972	1041	1198	1337	1476
高级工	工时	4861	5207	5990	6687	7379
中级工	工时	8750	9373	10782	12036	13282
初级工	工时	4861	5207	5990	6687	7379
合计	工时	19444	20828	23960	26747	29516
钢板	kg	3075	3268	3758	4301	4765
型钢	kg	4931	5241	6027	6898	7642
垫铁	kg	1508	1603	1844	2110	2338
氧气	m^3	406	432	496	568	629
乙炔气	m^3	174	185	213	243	270
电焊条	kg	464	493	567	649	719
汽油 70#	kg	290	308	355	406	450
柴油 0#	kg	580	617	709	812	899
油漆	kg	348	370	425	487	539
木材	m^3	14	15	16	18	20
破布	kg	116	123	142	162	180
棉纱头	kg	348	370	425	487	539
机油	kg	348	370	425	487	539
黄油	kg	522	555	638	730	809
其他材料费	%	25	25	25	25	25
汽车起重机 70t	台时	190	202			
汽车起重机 100t	台时			232	266	294
卷扬机 5t	台时	1108	1178	1355	1550	1718
电焊机 20~30kVA	台时	380	404	464	532	589
空气压缩机 $9m^3/min$	台时	380	404	464	532	589
载重汽车 5t	台时	253	269	310	354	393
轮胎起重机 25t	台时	317	337	387	443	491
其他机械费	%	10	10	10	10	10
定额编号		11039	11040	11041	11042	11043

十一－3 油压启闭机

单位:台

项目	单位	设备自重(t)				
		10	15	20	25	30
工长	工时	153	184	215	247	278
高级工	工时	763	922	1077	1234	1391
中级工	工时	1119	1352	1580	1810	2040
初级工	工时	509	615	718	823	928
合计	工时	2544	3073	3590	4114	4637
钢板	kg	151	213	275	336	397
型钢	kg	275	388	500	612	722
垫铁	kg	10	14	18	22	25
氧气	m^3	9	12	16	20	23
乙炔气	m^3	4	5	7	9	10
电焊条	kg	9	13	17	21	25
汽油 70#	kg	25	35	45	55	65
柴油 0#	kg	44	62	80	98	116
油漆	kg	12	17	22	27	32
木材	m^3	0.7	1	1.2	1.5	1.8
绝缘线	m	6	8	10	12	14
棉纱头	kg	8	12	15	18	22
机油	kg	28	39	50	61	72
黄油	kg	33	47	60	73	87
其他材料费	%	10	10	10	10	10
汽车起重机 8t	台时	25	42	60	78	
汽车起重机 10t	台时					95
门式起重机 10t	台时	4	6	9	12	14
卷扬机 5t	台时	54	92	131	170	209
电焊机 20～30kVA	台时	23	39	55	71	87
载重汽车 5t	台时	5	8	11	14	17
其他机械费	%	10	10	10	10	10
定额编号		11044	11045	11046	11047	11048

续表

项目	单位	设备自重（t）				
		35	40	45	50	60
工长	工时	307	337	365	395	434
高级工	工时	1537	1684	1826	1973	2172
中级工	工时	2255	2469	2679	2893	3186
初级工	工时	1025	1122	1218	1315	1448
合计	工时	5124	5612	6088	6576	7240
钢板	kg	465	533	601	670	737
型钢	kg	845	969	1093	1218	1339
垫铁	kg	30	34	38	43	47
氧气	m^3	27	31	35	39	43
乙炔气	m^3	12	14	15	17	19
电焊条	kg	29	33	37	41	46
汽油 70#	kg	76	87	98	110	121
柴油 0#	kg	135	155	175	195	214
油漆	kg	37	43	48	54	59
木材	m^3	2.1	2.3	2.6	2.9	3.2
绝缘线	m	17	19	22	24	27
棉纱头	kg	25	29	33	37	40
机油	kg	85	97	109	122	134
黄油	kg	101	116	131	146	161
其他材料费	%	10	10	10	10	10
汽车起重机 10t	台时	111	128	143		
汽车起重机 16t	台时				151	169
门式起重机 10t	台时	17	19	22	24	27
卷扬机 5t	台时	243	278	313	348	388
电焊机 20～30kVA	台时	101	116	131	145	162
载重汽车 5t	台时	20	23	26	29	32
其他机械费	%	10	10	10	10	10
定额编号		11049	11050	11051	11052	11053

续表

项目	单位	设备自重（t）				
		70	80	90	100	120
工长	工时	475	516	555	596	715
高级工	工时	2374	2577	2777	2983	3574
中级工	工时	3483	3780	4073	4375	5241
初级工	工时	1583	1718	1851	1989	2382
合计	工时	7915	8591	9256	9943	11912
钢板	kg	804	871	937	1017	1268
型钢	kg	1461	1583	1704	1848	2305
垫铁	kg	51	56	60	65	81
氧气	m^3	47	51	55	59	74
乙炔气	m^3	20	22	24	26	32
电焊条	kg	50	54	58	63	78
汽油 70#	kg	132	142	153	166	207
柴油 0#	kg	234	253	273	296	369
油漆	kg	64	70	75	81	101
木材	m^3	3.5	3.8	4.1	4.5	5.6
绝缘线	m	29	32	34	37	46
棉纱头	kg	44	47	51	55	69
机油	kg	146	158	170	185	230
黄油	kg	175	190	204	222	277
其他材料费	%	10	10	10	10	10
汽车起重机 16t	台时	186	203			
汽车起重机 20t	台时			220	230	281
门式起重机 10t	台时	29	32	35	36	47
卷扬机 5t	台时	427	467	506	530	683
电焊机 20～30kVA	台时	178	195	211	221	284
载重汽车 5t	台时	36	39	42	44	57
其他机械费	%	10	10	10	10	10
定额编号		11054	11055	11056	11057	11058

续表

项目	单位	设备自重（t）			
		140	160	180	200
工长	工时	813	911	1009	1107
高级工	工时	4064	4554	5044	5534
中级工	工时	5960	6679	7398	8116
初级工	工时	2709	3036	3362	3689
合计	工时	13546	15180	16813	18446
钢板	kg	1460	1653	1846	2039
型钢	kg	2655	3006	3357	3708
垫铁	kg	93	106	118	131
氧气	m^3	85	96	107	119
乙炔气	m^3	37	42	47	52
电焊条	kg	90	102	114	126
汽油 70#	kg	239	271	302	334
柴油 0#	kg	425	481	537	593
油漆	kg	117	132	148	163
木材	m^3	6.4	7.2	8.1	8.9
绝缘线	m	53	60	67	74
棉纱头	kg	80	90	101	111
机油	kg	266	301	336	371
黄油	kg	319	361	403	445
其他材料费	%	10	10	10	10
汽车起重机 20t	台时	325			
汽车起重机 30t	台时		369	414	458
门式起重机 10t	台时	54	62	69	76
卷扬机 5t	台时	790	897	1003	1110
电焊机 20~30kVA	台时	329	374	418	463
载重汽车 5t	台时	66	75	84	93
其他机械费	%	10	10	10	10
定额编号		11059	11060	11061	11062

十一－4　卷扬式启闭机

单位:台

项目	单位	设备自重(t)				
		5	10	15	20	25
工　　长	工时	24	36	47	59	71
高 级 工	工时	121	180	237	297	355
中 级 工	工时	243	360	475	593	711
初 级 工	工时	97	144	190	237	284
合　　计	工时	485	720	949	1186	1421
钢　　板	kg	21	30	39	48	56
型　　钢	kg	49	70	90	111	132
垫　　铁	kg	21	30	39	48	56
氧　　气	m^3	11	15	19	24	28
乙 炔 气	m^3	5	7	9	11	13
电 焊 条	kg	4	6	8	10	11
汽　　油 70#	kg	5	7	9	11	13
柴　　油 0#	kg	7	10	13	16	19
油　　漆	kg	5	7	9	11	13
绝 缘 线	m	25	35	45	56	66
木　　材	m^3	0.2	0.3	0.4	0.5	0.6
破　　布	kg	1	2	3	3	4
棉 纱 头	kg	3	4	5	6	8
机　　油	kg	3	4	5	6	8
黄　　油	kg	4	5	6	8	9
其他材料费	%	15	15	15	15	15
汽车起重机 5t	台时	7				
汽车起重机 8t	台时		12	17		
汽车起重机 10t	台时				21	26
电 焊 机 20～30kVA	台时	10	16	23	29	35
载 重 汽 车 5t	台时	3	5	8	10	12
其他机械费	%	10	10	10	10	10
定额编号		11063	11064	11065	11066	11067

续表

项目	单位	设备自重（t）			
		30	35	40	45
工长	工时	81	88	94	100
高级工	工时	406	439	472	502
中级工	工时	813	879	943	1004
初级工	工时	325	352	377	402
合计	工时	1625	1758	1886	2008
钢板	kg	66	75	85	93
型钢	kg	154	175	197	217
垫铁	kg	66	75	85	93
氧气	m^3	33	37	42	46
乙炔气	m^3	15	17	20	22
电焊条	kg	13	15	17	19
汽油 70#	kg	15	17	20	22
柴油 0#	kg	22	25	28	31
油漆	kg	15	17	20	22
绝缘线	m	77	87	99	108
木材	m^3	0.7	0.8	0.9	1
破布	kg	4	5	6	6
棉纱头	kg	9	10	11	12
机油	kg	9	10	11	12
黄油	kg	11	12	14	15
其他材料费	%	15	15	15	15
汽车起重机 16t	台时	30	36	42	
汽车起重机 20t	台时				49
电焊机 20～30kVA	台时	41	50	57	66
载重汽车 5t	台时	14	17	19	22
其他机械费	%	10	10	10	10
定额编号		11068	11069	11070	11071

续表

项目	单位	设备自重（t）			
		50	60	70	80
工长	工时	107	115	124	132
高级工	工时	534	575	618	659
中级工	工时	1067	1150	1236	1319
初级工	工时	427	460	494	528
合计	工时	2135	2300	2472	2638
钢板	kg	105	116	128	140
型钢	kg	244	272	299	325
垫铁	kg	105	116	128	140
氧气	m^3	52	58	64	70
乙炔气	m^3	24	27	30	33
电焊条	kg	21	23	26	28
汽油 70#	kg	24	27	30	33
柴油 0#	kg	35	39	43	47
油漆	kg	24	27	30	33
绝缘线	m	122	136	149	163
木材	m^3	1.1	1.2	1.3	1.4
破布	kg	7	8	9	9
棉纱头	kg	14	16	17	19
机油	kg	14	16	17	19
黄油	kg	17	19	21	23
其他材料费	%	15	15	15	15
汽车起重机 20t	台时	54	66		
汽车起重机 30t	台时			70	80
电焊机 20~30kVA	台时	74	90	106	122
载重汽车 5t	台时	25	30	35	41
其他机械费	%	10	10	10	10
定额编号		11072	11073	11074	11075

续表

项目	单位	设备自重（t）			
		100	120	140	160
工长	工时	172	201	229	257
高级工	工时	861	1003	1145	1287
中级工	工时	1721	2006	2289	2574
初级工	工时	689	802	916	1030
合计	工时	3443	4012	4579	5148
钢板	kg	179	212	245	278
型钢	kg	419	495	571	647
垫铁	kg	179	212	245	277
氧气	m^3	90	106	122	139
乙炔气	m^3	42	49	57	65
电焊条	kg	36	42	49	55
汽油 70#	kg	42	49	57	65
柴油 0#	kg	60	71	82	92
油漆	kg	42	49	57	65
绝缘线	m	209	247	286	324
木材	m^3	1.8	2.2	2.5	2.8
破布	kg	12	14	16	18
棉纱头	kg	24	28	33	37
机油	kg	24	28	33	37
黄油	kg	30	35	41	46
其他材料费	%	15	15	15	15
汽车起重机 30t	台时	99			
汽车起重机 50t	台时		119	138	158
电焊机 20～30kVA	台时	150	180	210	240
载重汽车 5t	台时	50	60	70	80
其他机械费	%	10	10	10	10
定额编号		11076	11077	11078	11079

十一－5 电梯

单位：台

项目	单位	升高（m）				
		20	40	60	80	100
工长	工时	148	228	329	434	540
高级工	工时	739	1137	1644	2163	2705
中级工	工时	1331	2048	2960	3894	4868
初级工	工时	739	1137	1644	2163	2705
合计	工时	2957	4550	6577	8654	10818
钢板	kg	18	24	30	37	45
型钢	kg	42	56	70	87	104
垫铁	kg	30	40	50	62	75
氧气	m^3	22	30	38	47	56
乙炔气	m^3	10	13	16	20	24
电焊条	kg	37	50	63	78	93
汽油 70#	kg	19	25	31	39	47
柴油 0#	kg	30	40	50	62	75
油漆	kg	22	30	38	47	56
木材	m^3	0.5	0.6	0.8	1	1.2
绝缘线	m	1	2	3	3	4
棉纱头	kg	3	4	5	6	7
机油	kg	4	5	6	8	9
黄油	kg	7	10	13	16	19
其他材料费	%	25	25	25	25	25
汽车起重机 8t	台时	6	9	13	16	20
卷扬机 5t	台时	22	33	49	59	74
电焊机 20～30kVA	台时	87	131	196	236	295
载重汽车 5t	台时	5	8	12	15	18
其他机械费	%	10	10	10	10	10
定额编号		11080	11081	11082	11083	11084

续表

项目	单位	升高（m）			
		120	150	180	210
工长	工时	648	812	958	1113
高级工	工时	3246	4057	4790	5566
中级工	工时	5842	7304	8621	10017
初级工	工时	3246	4057	4790	5566
合计	工时	12982	16230	19159	22262
钢板	kg	54	67	77	88
型钢	kg	125	157	178	205
垫铁	kg	90	112	128	146
氧气	m^3	67	84	96	110
乙炔气	m^3	29	36	41	48
电焊条	kg	112	140	159	183
汽油 70#	kg	56	70	80	92
柴油 0#	kg	90	112	128	146
油漆	kg	67	84	96	110
木材	m^3	1.4	1.7	1.9	2.2
绝缘线	m	4	6	6	7
棉纱头	kg	9	11	13	15
机油	kg	11	14	16	18
黄油	kg	22	28	32	37
其他材料费	%	25	25	25	25
汽车起重机 8t	台时	24	30	36	41
卷扬机 5t	台时	89	111	130	150
电焊机 20～30kVA	台时	355	443	519	602
载重汽车 5t	台时	22	28	32	38
其他机械费	%	10	10	10	10
定额编号		11085	11086	11087	11088

十一－6 轨道

单位：双 10m

项目	单位	规格（kg/m）			
		24	50	QU80	QU100
工长	工时	8	12	15	18
高级工	工时	32	48	59	72
中级工	工时	79	120	146	179
初级工	工时	39	60	73	89
合计	工时	158	240	293	358
钢板	kg	24	35	42	48
型钢	kg	21	30	36	41
氧气	m^3	6.2	9	11	12
乙炔气	m^3	2.7	3.9	4.8	5.3
电焊条	kg	4.2	6	7.3	8.2
其他材料费	%	10	10	10	10
汽车起重机 8t	台时	1.8	1.8	2.6	2.9
电焊机 20～30kVA	台时	7.8	7.8	11	13
其他机械费	%	5	5	5	5
定额编号		11089	11090	11091	11092

续表

项　　目	单位	规　格 (kg/m)		
		QU120	140	160
工　长	工时	21	23	33
高级工	工时	84	93	130
中级工	工时	210	233	326
初级工	工时	106	117	163
合　计	工时	421	466	652
钢　板	kg	55	61	83
型　钢	kg	47	52	71
氧　气	m^3	14	16	21
乙炔气	m^3	6.2	6.8	9.2
电焊条	kg	9.5	11	14
其他材料费	%	10	10	10
汽车起重机 8t	台时	2.9	3.3	4.3
电焊机 20～30kVA	台时	13	15	19
其他机械费	%	5	5	5
定额编号		11093	11094	11095

十一-7 滑触线

单位:三相10m

项目	单位	起重机自重(t)			
		≤100	≤400	≤600	>600
工长	工时	4	5	6	7
高级工	工时	16	20	26	28
中级工	工时	39	51	62	70
初级工	工时	20	26	31	35
合计	工时	79	102	125	140
型钢	kg	30	33	39	42
氧气	m^3	5	5.5	6.5	6.9
乙炔气	m^3	2.2	2.4	2.9	3
电焊条	kg	5	5.5	6.5	6.9
棉纱头	kg	1.5	1.6	1.9	2
其他材料费	%	15	15	15	15
电焊机 20~30kVA	台时	4.8	6.8	8	9.3
摇臂钻床 Φ50	台时	3	4.2	5	5.8
其他机械费	%	5	5	5	5
定额编号		11096	11097	11098	11099

第十二章

闸 门 安 装

说　　明

一、本章包括平板焊接闸门、弧形闸门、单扇船闸闸门、双扇船闸闸门、拦污栅、闸门埋设件、闸门压重物、容器、小型金属结构构件安装共九节。

二、本章以重量“t”为计量单位，包括本体及其附件等全部重量。

三、闸门埋设件的基础螺栓、闸门止水装置的橡皮和木质水封及安装组合螺栓等均作为设备部件，不包括在本定额内，闸门埋设件的临时设施已包括在定额内。

四、本章的起吊工作按各种起重机吊装综合拟定，使用时不作调整。

五、平板焊接闸门

1.工作内容：

(1)闸门拼装焊接、焊缝透视检查及处理(包括预拼装)；

(2)闸门主行走支承装置(定轮、台车或压合木滑道)安装；

(3)止水装置安装；

(4)侧反支承行走轮安装；

(5)闸门在门槽内组合连接；

(6)闸门吊杆及其他附件安装；

(7)闸门锁锭安装；

(8)闸门吊装试验。

2.本节不包括下列工作内容：

(1)闸门充水装置安装；

(2)闸门压重物安装；

(3)闸门埋设件安装；

(4)闸门起吊平衡梁安装(包括在闸门起重设备安装定额中)。

3.适用范围:台车、定轮、压合木支承形式及其他支承型式的整体、分段焊接及分段拼接的平板闸门安装。

4.带充水装置的平板闸门(包括充水装置的安装)安装定额乘以1.05系数。

5.本节按定轮和台车式平板闸门拟定,如系滑动式闸门安装,安装定额乘以0.93系数(压合木式除外)。

六、弧形闸门

1.工作内容:

(1)闸门支座安装;

(2)支臂组合安装;

(3)桁架组合安装;

(4)面板支承梁及面板安装焊接;

(5)止水装置安装;

(6)侧导轮及其他附件安装;

(7)闸门焊缝透视检验及处理;

(8)闸门吊装试验。

2.适用范围:潜孔或露顶、桁架或实腹梁式等各种型式的弧形闸门安装。

3.本节按桁架式弧形闸门拟定,如安装实腹梁式弧形闸门时,安装定额乘以0.8系数。

4.拱形闸门安装定额乘以1.26系数。

5.本节按潜孔和露顶式闸门综合拟定,使用时不作调整。

6.在洞内安装弧形闸门时,安装人工和机械定额乘以1.2系数。

七、单、双扇船闸闸门

1.工作内容:

(1)闸门门叶组合焊接安装(包括上横梁、下横梁、门轴柱、接

合柱等)及焊缝透视检查处理;

(2)底枢装置及顶枢装置安装;

(3)闸门行走支承装置组合安装;

(4)止水装置安装;

(5)闸门附件安装;

(6)闸门启闭试验。

2.适用范围:单、双扇船闸闸门安装。

八、拦污栅安装

1.工作内容:

(1)栅体安装,包括现场搬运、就位、吊入栅槽、吊杆及附件安装;

(2)栅槽安装,包括现场搬运、就位、校正吊装和固定。

2.大型电站的拦污栅,若底梁、顶梁、边柱采用闸门支承型式的,栅体应按自重套用相同支承型式的平板门门体安装定额,栅槽则套用闸门埋件安装定额。

九、闸门埋设件

1.工作内容:

(1)基础螺栓及锚钩埋设;

(2)主轨、反轨、侧轨、底槛、门楣、弧门支座、胸墙、水封座板、护角、侧导板、锁锭及其他埋件等安装。

2.本节按垂直位置安装拟定,如在倾斜位置(≥10°)安装时,人工定额乘以1.2系数。

3.闸门储藏室的埋件安装,安装定额乘以0.8系数。

十、闸门压重物

1.工作内容:闸门压重物及其附件安装。

2.适用范围:铸铁、混凝土块及其他种类的压重物安装。

3.如压重物需装入闸门实腹梁格内时,安装定额乘以1.2系数。

十一、容器安装

1.本节适用于油桶、气桶等一切容器安装。

2.工作内容,包括基础埋设、检查、清扫、就位、找正、固定、脚手、油漆、与管道联结等一切常规内容。

十二、小型金属结构构件安装

1.本节适用于1t及以下的小型金属结构构件安装。

2.工作内容,包括基础埋设、清洗检查、找正固定、打洞抹灰等一切常规内容。

十二-1　平板焊接闸门

单位:t

项　　目	单位	每扇闸门自重　(t)				
		≤5	≤10	≤20	≤30	≤40
工　　长	工时	5	5	5	4	4
高 级 工	工时	26	24	22	20	20
中 级 工	工时	45	43	41	35	35
初 级 工	工时	26	24	22	20	20
合　　计	工时	102	96	90	79	79
钢　　板	kg	2.9	2.9	3.3	3	3.2
氧　　气	m^3	1.7	1.8	2	1.8	1.9
乙 炔 气	m^3	0.8	0.8	0.9	0.8	0.9
电 焊 条	kg	3.8	3.9	4.4	4	4.2
油　　漆	kg	1.9	2	2.2	2	2.1
黄　　油	kg	0.2	0.2	0.2	0.2	0.2
汽　　油 70#	kg	1.9	2	2.2	2	2.1
棉 纱 头	kg	0.8	0.8	0.9	0.8	0.9
其他材料费	%	15	15	15	15	15
门式起重机 10t	台时	0.8	0.8	0.8	1.1	1.1
电 焊 机 20~30kVA	台时	2.6	2.7	2.9	3.8	3.9
其他机械费	%	10	10	10	10	10
定 额 编 号		12001	12002	12003	12004	12005

续表

项　　目	单位	每扇闸门自重 (t)				
		≤50	≤60	≤70	≤80	≤100
工　　长	工时	4	4	4	4	4
高 级 工	工时	20	20	20	21	21
中 级 工	工时	35	35	35	39	39
初 级 工	工时	20	20	20	21	21
合　　计	工时	79	79	79	85	85
钢　　板	kg	3.3	3.5	3.6	3.8	4.2
氧　　气	m^3	2	2.1	2.2	2.3	2.5
乙 炔 气	m^3	0.9	0.9	1	1	1.1
电 焊 条	kg	4.4	4.6	4.8	5	5.5
油　　漆	kg	2.2	2.3	2.4	2.5	2.8
黄　　油	kg	0.2	0.2	0.2	0.3	0.3
汽　　油 70#	kg	2.2	2.3	2.4	2.5	2.8
棉 纱 头	kg	0.9	1	1	1.1	1.2
其他材料费	%	15	15	15	15	15
门式起重机 10t	台时	1.2	1.2	1.3	1.3	1.4
电　焊　机 20~30kVA	台时	4.1	4.2	4.4	4.5	4.7
其他机械费	%	10	10	10	10	10
定 额 编 号		12006	12007	12008	12009	12010

续表

项目	单位	每扇闸门自重 (t)				
		≤120	≤150	≤180	≤210	≤240
工长	工时	4	4	4	4	4
高级工	工时	21	22	22	23	23
中级工	工时	39	39	39	40	40
初级工	工时	21	22	22	23	23
合计	工时	85	87	87	90	90
钢板	kg	4.4	4.2	4.4	4.6	4.8
氧气	m^3	2.6	2.5	2.6	2.7	2.8
乙炔气	m^3	1.2	1.1	1.2	1.2	1.3
电焊条	kg	5.9	5.6	5.9	6.1	6.4
油漆	kg	2.9	2.8	2.9	3	3.2
黄油	kg	0.3	0.3	0.3	0.3	0.3
汽油 70#	kg	2.9	2.8	2.9	3	3.2
棉纱头	kg	1.2	1.1	1.2	1.2	1.3
其他材料费	%	15	15	15	15	15
门式起重机 10t	台时	1.4	1.5	1.6	1.6	1.6
电焊机 20～30kVA	台时	5	5.5	5.6	5.7	5.8
其他机械费	%	10	10	10	10	10
定额编号		12011	12012	12013	12014	12015

续表

项　　目	单位	每扇闸门自重 (t)			
		≤270	≤300	≤350	≤400
工　　长	工时	5	5	5	5
高 级 工	工时	23	24	25	26
中 级 工	工时	43	43	45	46
初 级 工	工时	23	24	25	26
合　　计	工时	94	96	100	103
钢　　板	kg	5	5.2	5.5	5.8
氧　　气	m^3	3	3.1	3.3	3.4
乙 炔 气	m^3	1.3	1.4	1.4	1.5
电 焊 条	kg	6.6	6.9	7.3	7.7
油　　漆	kg	3.3	3.4	3.6	3.9
黄　　油	kg	0.4	0.4	0.4	0.4
汽　　油 70#	kg	3.3	3.4	3.6	3.9
棉 纱 头	kg	1.3	1.4	1.4	1.5
其他材料费	%	15	15	15	15
门式起重机 10t	台时	1.7	1.7	1.7	1.8
电 焊 机 20~30kVA	台时	5.9	6	6.2	6.4
其他机械费	%	10	10	10	10
定 额 编 号		12016	12017	12018	12019

十二－2　弧形闸门

单位：t

项　　目	单位	每扇闸门自重　(t)				
		≤5	≤10	≤20	≤30	≤40
工　　长	工时	6	6	6	5	5
高 级 工	工时	38	38	35	33	32
中 级 工	工时	57	57	52	50	48
初 级 工	工时	26	26	23	22	21
合　　计	工时	127	127	116	110	106
钢　　板	kg	20	20	20	19	19
氧　　气	m^3	3.4	3.3	3.3	3.2	3.2
乙 炔 气	m^3	1.5	1.4	1.4	1.4	1.4
电 焊 条	kg	11	11	11	11	11
油　　漆	kg	1.1	1.1	1.1	1.1	1.1
黄　　油	kg	0.8	0.8	0.8	0.8	0.8
汽　　油 70#	kg	4.5	4.4	4.4	4.3	4.3
棉 纱 头	kg	2.6	2.5	2.5	2.5	2.5
其他材料费	%	15	15	15	15	15
门式起重机 10t	台时	0.7	0.7	0.7	0.7	0.7
电 焊 机 20～30kVA	台时	9.7	9.6	9.4	9.2	9
摇 臂 钻 床 Φ50	台时	2.8	2.7	2.7	2.6	2.6
其他机械费	%	15	15	15	15	15
定 额 编 号		12020	12021	12022	12023	12024

续表

项目	单位	每扇闸门自重（t）				
		≤50	≤60	≤80	≤100	≤120
工长	工时	5	5	4	4	3
高级工	工时	30	28	25	22	18
中级工	工时	45	42	37	32	28
初级工	工时	20	19	17	14	12
合计	工时	100	94	83	72	61
钢板	kg	19	19	19	18	17
氧气	m^3	3.2	3.1	3.1	3	2.9
乙炔气	m^3	1.4	1.4	1.3	1.3	1.3
电焊条	kg	11	10	10	10	9.6
油漆	kg	1	1	1	1	1
黄油	kg	0.7	0.7	0.7	0.7	0.7
汽油 70#	kg	4.2	4.2	4.1	4	3.8
棉纱头	kg	2.4	2.4	2.4	2.3	2.2
其他材料费	%	15	15	15	15	15
门式起重机 10t	台时	0.6	0.6	0.6	0.5	0.5
电焊机 20～30kVA	台时	8.7	8.5	8.1	7.6	7.2
摇臂钻床 Φ50	台时	2.5	2.4	2.3	2.2	2.1
其他机械费	%	15	15	15	15	15
定额编号		12025	12026	12027	12028	12029

续表

项　　目	单位	每扇闸门自重　(t)				
		≤140	≤160	≤180	≤200	≤220
工　　长	工时	3	3	3	3	3
高 级 工	工时	18	16	16	16	16
中 级 工	工时	28	25	25	25	25
初 级 工	工时	12	11	11	11	11
合　　计	工时	61	55	55	55	55
钢　　板	kg	17	16	15	16	17
氧　　气	m^3	2.8	2.6	2.5	2.7	2.9
乙 炔 气	m^3	1.2	1.2	1.1	1.2	1.3
电 焊 条	kg	9.2	8.8	8.4	9	9.5
油　　漆	kg	0.9	0.9	0.8	0.9	1
黄　　油	kg	0.6	0.6	0.6	0.6	0.6
汽　　油 70#	kg	3.7	3.5	3.4	3.6	3.8
棉 纱 头	kg	2.1	2	1.9	2	2.1
其他材料费	%	15	15	15	15	15
门式起重机 10t	台时	0.5	0.5	0.4	0.5	0.5
电 焊 机 20~30kVA	台时	6.9	6.5	6	6.6	7
摇 臂 钻 床 Φ50	台时	2	1.9	1.7	1.8	1.9
其他机械费	%	15	15	15	15	15
定 额 编 号		12030	12031	12032	12033	12034

续表

项目	单位	每扇闸门自重 (t)				
		≤240	≤260	≤280	≤300	≤340
工长	工时	3	3	4	4	4
高级工	工时	18	20	22	22	25
中级工	工时	28	30	32	32	37
初级工	工时	12	13	14	14	16
合计	工时	61	66	72	72	82
钢板	kg	18	19	20	21	23
氧气	m^3	3	3.2	3.3	3.5	3.8
乙炔气	m^3	1.3	1.4	1.5	1.5	1.7
电焊条	kg	10	11	11	12	13
油漆	kg	1	1.1	1.1	1.2	1.3
黄油	kg	0.7	0.7	0.7	0.8	0.8
汽油 70#	kg	4	4.2	4.4	4.6	5
棉纱头	kg	2.2	2.4	2.4	2.6	2.8
其他材料费	%	15	15	15	15	15
门式起重机 10t	台时	0.6	0.6	0.6	0.7	0.7
电焊机 20~30kVA	台时	7.5	8	8.5	8.9	9.9
摇臂钻床 Φ50	台时	2.1	2.2	2.3	2.5	2.7
其他机械费	%	15	15	15	15	15
定额编号		12035	12036	12037	12038	12039

续表

项　　目	单位	每扇闸门自重 (t)			
		≤380	≤420	≤460	≤500
工　　长	工时	4	5	5	6
高 级 工	工时	27	29	31	34
中 级 工	工时	40	44	47	51
初 级 工	工时	18	19	21	22
合　　计	工时	89	97	104	113
钢　　板	kg	23	26	28	30
氧　　气	m^3	3.8	4.4	4.7	5
乙 炔 气	m^3	1.7	1.9	2.1	2.2
电 焊 条	kg	13	15	16	17
油　　漆	kg	1.3	1.5	1.6	1.7
黄　　油	kg	0.8	1	1	1.1
汽　　油 70#	kg	5	5.8	6.2	6.6
棉 纱 头	kg	2.8	3.2	3.5	3.7
其他材料费	%	15	15	15	15
门式起重机 10t	台时	0.8	0.9	1	1
电 焊 机 20～30kVA	台时	11	12	13	14
摇臂钻床 Φ50	台时	3	3.3	3.5	3.8
其他机械费	%	15	15	15	15
定额编号		12040	12041	12042	12043

十二－3　单扇船闸闸门

单位:t

项　　目	单位	每扇闸门自重　(t)			
		≤5	≤10	≤20	≤30
工　　长	工时	7	6	5	5
高 级 工	工时	34	30	27	24
中 级 工	工时	62	54	49	43
初 级 工	工时	34	30	27	24
合　　计	工时	137	120	108	96
钢　　板	kg	4.5	3.8	4.1	4
氧　　气	m^3	2.3	1.9	2	2
乙 炔 气	m^3	1	0.9	0.9	0.9
电 焊 条	kg	4.1	3.5	3.7	3.6
汽　　油 70#	kg	2	1.7	1.8	1.8
油　　漆	kg	2.3	1.9	2	2
棉 纱 头	kg	1	0.9	0.9	0.9
黄　　油	kg	1.1	1	1	1
其他材料费	%	15	15	15	15
门式起重机 10t	台时	0.9	0.9	0.9	1.1
电 焊 机 20～30kVA	台时	2.9	3	3	3.6
其他机械费	%	15	15	15	15
定 额 编 号		12044	12045	12046	12047

续表

项目	单位	每扇闸门自重 (t)				
		≤50	≤80	≤100	≤120	≤140
工长	工时	5	4	4	4	4
高级工	工时	24	22	22	20	18
中级工	工时	43	39	39	36	32
初级工	工时	24	21	21	20	18
合计	工时	96	86	86	80	72
钢板	kg	4.1	5.3	5.5	5.6	5.9
氧气	m^3	2	2.6	2.7	2.8	3
乙炔气	m^3	0.9	1.2	1.2	1.3	1.3
电焊条	kg	3.7	4.8	4.9	5.1	5.3
汽油 70#	kg	1.8	2.4	2.5	2.5	2.7
油漆	kg	2	2.6	2.7	2.8	3
棉纱头	kg	0.9	1.2	1.2	1.3	1.3
黄油	kg	1	1.3	1.4	1.4	1.5
其他材料费	%	15	15	15	15	15
门式起重机 10t	台时	1.1	1.2	1.2	1.3	1.4
电焊机 20~30kVA	台时	3.6	4	4	4.2	4.5
其他机械费	%	15	15	15	15	15
定额编号		12048	12049	12050	12051	12052

续表

项目	单位	每扇闸门自重 (t)		
		≤160	≤180	≤200
工长	工时	3	3	3
高级工	工时	17	15	15
中级工	工时	29	27	27
初级工	工时	17	15	15
合计	工时	66	60	60
钢板	kg	6.2	6.5	6.8
氧气	m^3	3.1	3.3	3.4
乙炔气	m^3	1.4	1.5	1.5
电焊条	kg	5.6	5.9	6.1
汽油 70#	kg	2.8	2.9	3.1
油漆	kg	3.1	3.3	3.4
棉纱头	kg	1.4	1.5	1.5
黄油	kg	1.6	1.6	1.7
其他材料费	%	15	15	15
门式起重机 10t	台时	1.5	1.5	1.6
电焊机 20~30kVA	台时	4.7	5	5.2
其他机械费	%	15	15	15
定额编号		12053	12054	12055

十二－4　双扇船闸闸门

单位：t

项　　目	单位	每双扇闸门自重　(t)				
		≤20	≤40	≤60	≤80	≤100
工　　长	工时	8	6	6	6	6
高 级 工	工时	40	33	29	29	29
中 级 工	工时	58	48	43	43	43
初 级 工	工时	26	22	19	19	19
合　　计	工时	132	109	97	97	97
钢　　板	kg	5.2	5.3	6	6.6	6.8
氧　　气	m^3	3.4	3.5	4	4.4	4.5
乙 炔 气	m^3	1.5	1.5	1.7	1.9	1.9
电 焊 条	kg	4.7	4.8	5.5	6	6.2
汽　　油 70#	kg	2.6	2.6	3	3.3	3.4
油　　漆	kg	1.7	1.8	2	2.2	2.3
棉 纱 头	kg	1.1	1.2	1.3	1.5	1.5
黄　　油	kg	0.9	0.9	1	1.1	1.1
其他材料费	%	15	15	15	15	15
门式起重机 10t	台时	0.8	1.1	1.2	1.2	1.3
电 焊 机 20～30kVA	台时	3.7	5	5.4	5.4	5.7
其他机械费	%	15	15	15	15	15
定 额 编 号		12056	12057	12058	12059	12060

续表

项目	单位	每双扇闸门自重 (t)				
		≤120	≤140	≤160	≤180	≤200
工长	工时	6	6	6	6	6
高级工	工时	29	29	29	29	29
中级工	工时	43	43	43	43	43
初级工	工时	19	19	19	19	19
合计	工时	97	97	97	97	97
钢板	kg	6.9	7.1	7.3	7.6	7.8
氧气	m^3	4.6	4.8	4.9	5.1	5.2
乙炔气	m^3	2	2	2.1	2.2	2.2
电焊条	kg	6.4	6.5	6.7	7	7.1
汽油 70#	kg	3.5	3.6	3.7	3.8	3.9
油漆	kg	2.3	2.4	2.4	2.5	2.6
棉纱头	kg	1.5	1.6	1.6	1.7	1.7
黄油	kg	1.2	1.2	1.2	1.3	1.3
其他材料费	%	15	15	15	15	15
门式起重机 10t	台时	1.3	1.4	1.4	1.5	1.5
电焊机 20～30kVA	台时	6	6.2	6.4	6.6	6.9
其他机械费	%	15	15	15	15	15
定额编号		12061	12062	12063	12064	12065

续表

项目	单位	每双扇闸门自重 (t)			
		≤300	≤400	≤500	≤600
工长	工时	6	6	6	6
高级工	工时	29	29	31	31
中级工	工时	43	43	45	45
初级工	工时	19	19	21	21
合计	工时	97	97	103	103
钢板	kg	8.3	8.8	9.4	10
氧气	m^3	5.5	5.9	6.3	6.7
乙炔气	m^3	2.3	2.5	2.7	2.8
电焊条	kg	7.6	8.1	8.6	9.2
汽油 70#	kg	4.1	4.4	4.7	5
油漆	kg	2.8	2.9	3.1	3.3
棉纱头	kg	1.8	2	2.1	2.2
黄油	kg	1.4	1.5	1.6	1.7
其他材料费	%	15	15	15	15
门式起重机 10t	台时	1.6	1.7	1.7	1.8
电焊机 20~30kVA	台时	7.1	7.4	7.7	7.9
其他机械费	%	15	15	15	15
定额编号		12066	12067	12068	12069

续表

项目	单位	每双扇闸门自重 (t)			
		≤800	≤1000	≤1200	>1200
工长	工时	6	6	7	7
高级工	工时	31	33	34	34
中级工	工时	45	48	50	50
初级工	工时	21	22	23	23
合计	工时	103	109	114	114
钢板	kg	11	13	14	15
氧气	m^3	7.6	8.5	9.4	10
乙炔气	m^3	3.2	3.6	4	4.4
电焊条	kg	11	12	13	14
汽油 70#	kg	5.7	6.4	7	7.7
油漆	kg	3.8	4.3	4.7	5.1
棉纱头	kg	2.5	2.8	3.1	3.4
黄油	kg	1.9	2.1	2.3	2.6
其他材料费	%	15	15	15	15
门式起重机 10t	台时	1.8	1.9	1.9	1.9
电焊机 20~30kVA	台时	8.1	8.3	8.4	8.6
其他机械费	%	15	15	15	15
定额编号		12070	12071	12072	12073

十二－5 拦污栅

单位:t

项　　目	单位	栅　体	栅　槽
工　　长	工时	2	6
高 级 工	工时	8	33
中 级 工	工时	14	58
初 级 工	工时	8	33
合　　计	工时	32	130
型　　钢	kg		40
氧　　气	m^3		8
乙 炔 气	m^3		3.5
电 焊 条	kg		14
油　　漆	kg	2	2
黄　　油	kg	1	
其他材料费	%	15	15
门式起重机 10t	台时	0.9	1.4
电 焊 机 20～30kVA	台时		14
其他机械费	%	15	15
定额编号		12074	12075

十二－6　闸门埋设件

单位：t

项　　　目	单位	每套闸门埋件自重　(t)				
		≤5	≤10	≤20	≤30	≤40
工　　长	工时	8	8	7	7	7
高 级 工	工时	39	37	36	35	34
中 级 工	工时	69	67	64	62	62
初 级 工	工时	39	37	36	35	34
合　　计	工时	155	149	143	139	137
钢　　板	kg	13	12	12	12	12
氧　　气	m^3	9.4	9.3	9.1	9	8.9
乙 炔 气	m^3	4.1	4	4	3.9	3.8
电 焊 条	kg	11	11	11	11	11
油　　漆	kg	2.1	2.1	2	2	2
木　　材	m^3	0.1	0.1	0.1	0.1	0.1
黄　　油	kg	1	1	1	1	1
其他材料费	%	15	15	15	15	15
门式起重机 10t	台时	0.6	0.6	0.6	0.6	0.5
卷 扬 机 5t	台时	12	12	11	11	10
电 焊 机 20～30kVA	台时	12	12	11	11	10
其他机械费	%	15	15	15	15	15
定额编号		12076	12077	12078	12079	12080

续表

项目	单位	每套闸门埋件自重 (t)			
		≤50	≤60	≤80	≤100
工长	工时	7	7	8	8
高级工	工时	36	36	37	37
中级工	工时	64	66	67	67
初级工	工时	36	36	37	37
合计	工时	143	145	149	149
钢板	kg	12	11	11	11
氧气	m^3	8.7	8.6	8.3	8
乙炔气	m^3	3.8	3.7	3.6	3.5
电焊条	kg	11	11	10	9.8
油漆	kg	1.9	1.9	1.8	1.8
木材	m^3	0.1	0.1	0.1	0.1
黄油	kg	1	1	0.9	0.9
其他材料费	%	15	15	15	15
门式起重机 10t	台时	0.5	0.4	0.4	0.4
卷扬机 5t	台时	9.6	8.9	8.2	7.2
电焊机 20~30kVA	台时	9.6	8.9	8.2	7.2
其他机械费	%	15	15	15	15
定额编号		12081	12082	12083	12084

十二－7　闸门压重物

单位:t

项　　目	单位	压　重　物
工　　长	工时	1
高 级 工	工时	3
中 级 工	工时	5
初 级 工	工时	3
合　　计	工时	12
零星材料费	%	10
汽车起重机 10t	台时	1
其他机械费	%	10
定额编号		12085

十二－8 容器

单位：t

项　　目	单位	容器安装
工　　长	工时	6
高 级 工	工时	33
中 级 工	工时	58
初 级 工	工时	33
合　　计	工时	130
钢　　板	kg	34
型　　钢	kg	20
氧　　气	m^3	5
乙 炔 气	m^3	2.2
电 焊 条	kg	3.9
油　　漆	kg	5
其他材料费	%	15
汽车起重机 10t	台时	1.8
电 焊 机 20～30kVA	台时	6
其他机械费	%	15
定额编号		12086

十二 - 9 小型金属结构构件

单位:t

项目	单位	小型金属结构
工长	工时	10
高级工	工时	52
中级工	工时	96
初级工	工时	52
合计	工时	210
氧气	m^3	18
乙炔气	m^3	8
电焊条	kg	10
油漆	kg	15
其他材料费	%	15
汽车起重机 10t	台时	2
电焊机 20~30kVA	台时	12
其他机械费	%	15
定额编号		12087

第十三章

压力钢管制作及安装

说　　明

一、本章包括压力钢管制作、安装、运输共三节。

二、本章适用于水利暗设或明设的压力管道工程。

三、本章以重量“t”为计量单位，按钢管直径和壁厚选用子目。包括钢管本体和加劲环支承等全部构件重量。

四、本章包括施工临时设施的摊销和安装过程中所需临时支承及固定钢管的拉筋制作和安装。

未计价材料,包括钢管本体、加劲环、支承环等。

五、钢管制作工作内容

1.钢板场内搬运、划线、割切坡口、修边、卷板、修弧对圆、焊接、焊缝扣铲、透视检验处理、钢管场内搬运及堆放等。

2.钢管内外除锈、刷漆、涂浆。

3.加劲环制作、对装、焊接及拉筋制作。

4.灌浆孔丝堵和补强板制作及开灌浆孔、焊铺补强板等。

5.钢管内临时钢支撑制作及安装(包括本身材料价值)。

6.支架制作。

六、钢管安装工作内容

1.场地清理、测量、安装点线等准备和结尾工作。

2.钢管对接、环缝焊接、透视检查处理等。

3.支架及拉筋安装。

4.支撑及施工脚手架拆除运出。

5.灌浆孔封堵。

6.焊疤铲除。

7.清扫刷漆。

七、钢管运输

1.本节适用于钢管安装现场和工地运输。

2.工地运输，指隧洞或坝体压力钢管道以外的工地运输，运距按钢管成品堆放场至隧洞或坝体钢管道口间的距离计算。本定额基本运距为1km，不足1km按1km计算，超过的以每增运1km累计。

3.现场运输，指隧洞内或坝体内的管道运输，运距按钢管道的平均长度计算。本定额基本运距为200m，不足200m不减，超过200m时以每增运50m累计。

4.倒运，指钢管运输过程中，需要变更运输工具或运输方式而增加的装卸工作或转换机械的费用。

5.本节三种运输，按洞内、洞外、钢管斜度、运输方式和运输工具等条件综合拟定，使用时不作调整。

八、本定额以直管为计算依据，其他形状的钢管分别乘表13－1系数。

九、安装斜度<15°时，直接使用本定额；安装斜度≥15°时按不同斜度分别乘表13－1系数。

十、闷头安装可套用压力钢管同直径同厚度直管安装定额。

表13－1

序号	项　　目	人工费	材料费	机械费
1	弯管制作安装	1.5	1.2	1.2
2	渐变管制作	1.5	1.2	1.5
3	渐变管及方管安装	1.2		
4	≥15°斜管安装	1.15		
5	≥25°斜管安装	1.3		
6	垂直管安装	1.2		
7	凑合节安装	2.0	2.0	2.0
8	伸缩节安装	4.0	2.0	2.0
9	堵头(闷头)制作	3.0	3.0	3.0
10	方变圆或叉管制作	2.5	1.5	1.5
11	方变圆或叉管安装	3.0	2.0	2.0
12	方管制作	1.2	1.2	1.2

十三-1 钢管制作

(1)D≤1m

单位:t

项目	单位	δ≤mm			
		8	10	12	14
工长	工时	12	10	9	8
高级工	工时	60	52	44	40
中级工	工时	107	93	78	72
初级工	工时	60	51	44	40
合计	工时	239	206	175	160
型钢	kg	72	68	65	62
氧气	m^3	9	8.2	7.5	6.9
乙炔气	m^3	3	2.7	2.5	2.3
电焊条	kg	27	28	28	29
石英砂	m^3	1	0.9	0.7	0.7
探伤材料	张	7.5	6.9	6.4	5.8
油漆	kg	8.2	6.7	5.6	4.9
汽油 70#	kg	17	14	12	10
柴油 0#	kg	20	17	14	12
棉纱头	kg	6.5	5.3	4.5	3.9
其他材料费	%	15	15	15	15
龙门起重机 10t	台时	2.6	2.4	2.2	2
卷板机 22×3500mm	台时	2.6	2.4	2.2	2
电焊机 20~30kVA	台时	27	27	28	28
空气压缩机 $9m^3/min$	台时	5.3	4.7	4.1	3.7
轴流通风机 28kW	台时	4.9	4.3	3.8	3.4
X光探伤机 TX-2505	台时	5.2	4.2	3.5	3
剪板机 6.3×2000	台时	0.7	0.6	0.6	0.5
刨边机 9m	台时	0.9	0.8	0.7	0.7
其他机械费	%	15	15	15	15
定额编号		13001	13002	13003	13004

续表

项目	单位	δ≤mm			
		16	18	20	22
工长	工时	7	7	7	6
高级工	工时	38	36	34	32
中级工	工时	68	64	61	57
初级工	工时	38	36	34	32
合计	工时	151	143	136	127
型钢	kg	59	56	53	50
氧气	m^3	6.8	6.6	6.4	6.2
乙炔气	m^3	2.3	2.2	2.1	2.1
电焊条	kg	30	30	31	32
石英砂	m^3	0.6	0.6	0.5	0.5
探伤材料	张	5.4	5	4.6	3.8
油漆	kg	4.4	3.9	3.6	3.2
汽油 70#	kg	9.2	8.2	7.6	6.6
柴油 0#	kg	11	9.8	9.1	8
棉纱头	kg	3.5	3.1	2.9	2.5
其他材料费	%	15	15	15	15
龙门起重机 10t	台时	1.9	1.8	1.7	1.6
卷板机 22×3500mm	台时	1.8	1.7	1.7	1.6
电焊机 20~30kVA	台时	28	28	28	28
空气压缩机 9m³/min	台时	3.5	3.1	2.9	2.6
轴流通风机 28kW	台时	3.1	2.8	2.6	2.4
X光探伤机 TX-2505	台时	2.6	2.4	2.1	2
剪板机 6.3×2000	台时	0.5	0.5	0.4	0.4
刨边机 9m	台时	0.6	0.6	0.6	0.5
其他机械费	%	15	15	15	15
定额编号		13005	13006	13007	13008

(2)D≤2m

单位:t

项目	单位	δ≤mm				
		8	10	12	14	16
工长	工时	9	8	7	6	6
高级工	工时	48	42	35	32	30
中级工	工时	86	74	63	57	55
初级工	工时	48	42	35	32	30
合计	工时	191	166	140	127	121
型钢	kg	50	47	45	43	41
氧气	m^3	8.2	7.4	6.8	6.3	6.2
乙炔气	m^3	2.7	2.5	2.3	2.1	2.1
电焊条	kg	25	25	26	26	27
石英砂	m^3	1	0.8	0.7	0.6	0.6
探伤材料	张	6.9	6.4	5.8	5.3	4.9
油漆	kg	8	6.5	5.5	4.8	4.3
汽油 70#	kg	17	14	12	10	9
柴油 0#	kg	20	16	14	12	11
棉纱头	kg	6.4	5.2	4.4	3.8	3.4
其他材料费	%	15	15	15	15	15
龙门起重机 10t	台时	2.2	2	1.8	1.6	1.5
卷板机 22×3500mm	台时	2.2	2	1.8	1.6	1.5
电焊机 20~30kVA	台时	28	28	28	28	28
空气压缩机 $9m^3/min$	台时	5.2	4.6	4	3.6	3.4
轴流通风机 28kW	台时	4.7	4.2	3.6	3.3	3
X光探伤机 TX-2505	台时	4.7	3.8	3.2	2.7	2.4
剪板机 6.3×2000	台时	0.5	0.5	0.5	0.4	0.4
刨边机 9m	台时	0.7	0.7	0.6	0.6	0.5
其他机械费	%	15	15	15	15	15
定额编号		13009	13010	13011	13012	13013

续表

项　　目	单位	δ≤mm				
		18	20	24	28	32
工　　长	工时	5	5	5	5	5
高 级 工	工时	29	27	26	26	26
中 级 工	工时	51	49	45	45	45
初 级 工	工时	29	27	26	26	26
合　　计	工时	114	108	102	102	102
型　　钢	kg	39	36	34	33	32
氧　　气	m^3	6	5.8	5.7	5.4	5
乙 炔 气	m^3	2	1.9	1.9	1.8	1.7
电 焊 条	kg	27	28	29	31	32
石 英 砂	m^3	0.5	0.5	0.5	0.4	0.4
探伤材料	张	4.6	4.2	3.5	3.3	3.1
油　　漆	kg	3.8	3.6	3.1	2.7	2.4
汽　　油 70#	kg	8	7.4	6.5	5.6	5
柴　　油 0#	kg	9.6	8.9	7.8	6.7	6
棉 纱 头	kg	3	2.8	2.5	2.1	1.9
其他材料费	%	15	15	15	15	15
龙门起重机 10t	台时	1.5	1.4	1.3	1.1	1
卷 板 机 22×3500mm	台时	1.4	1.4			
卷 板 机 40×3000mm	台时			1.3	1.1	1
电 焊 机 20～30kVA	台时	28	28	28	29	29
空气压缩机 $9m^3/min$	台时	3	2.8	2.6	2.3	2.1
轴流通风机 28kW	台时	2.7	2.5	2.3	2.1	1.9
X光探伤机 TX－2505	台时	2.1	1.9	1.8	1.7	1.6
剪 板 机 6.3×2000	台时	0.4	0.4	0.3	0.3	0.3
刨 边 机 9m	台时	0.5	0.5	0.4	0.4	0.4
其他机械费	%	15	15	15	15	15
定额编号		13014	13015	13016	13017	13018

(3) $D \leqslant 3m$

单位:t

项目	单位	δ≤mm					
		8	10	12	14	16	18
工长	工时	9	8	6	5	5	5
高级工	工时	43	37	32	29	27	26
中级工	工时	77	67	56	51	49	46
初级工	工时	43	37	32	29	27	26
合计	工时	172	149	126	114	108	103
型钢	kg	45	42	41	39	37	35
氧气	m^3	7.8	7.1	6.5	6	5.9	5.7
乙炔气	m^3	2.6	2.4	2.2	2	2	1.9
电焊条	kg	23	23	24	24	25	25
石英砂	m^3	1	0.8	0.7	0.6	0.6	0.5
探伤材料	张	6.2	5.7	5.3	4.8	4.4	4.1
油漆	kg	8	6.5	5.5	4.8	4.3	3.8
汽油 70#	kg	17	14	12	10	9	8
柴油 0#	kg	20	16	14	12	11	9.6
棉纱头	kg	6.4	5.2	4.4	3.8	3.4	3
其他材料费	%	15	15	15	15	15	15
龙门起重机 10t	台时	1.9	1.7	1.5	1.4	1.3	1.2
卷板机 22×3500mm	台时	1.9	1.7	1.5	1.4	1.3	1.2
电焊机 20~30kVA	台时	28	28	28	28	29	29
空气压缩机 $9m^3/min$	台时	5.1	4.5	3.9	3.5	3.3	3
轴流通风机 28kW	台时	4.6	4	3.5	3.2	2.9	2.6
X光探伤机 TX-2505	台时	4.4	3.5	2.9	2.5	2.2	2
剪板机 6.3×2000	台时	0.5	0.4	0.4	0.4	0.3	0.3
刨边机 9m	台时	0.7	0.6	0.6	0.5	0.5	0.4
其他机械费	%	15	15	15	15	15	15
定额编号		13019	13020	13021	13022	13023	13024

续表

项目	单位	δ≤mm					
		20	24	28	32	36	40
工长	工时	5	4	4	4	4	4
高级工	工时	24	23	23	23	23	22
中级工	工时	44	41	41	41	41	38
初级工	工时	24	23	23	23	23	22
合计	工时	97	91	91	91	91	86
型钢	kg	33	31	30	29	27	26
氧气	m^3	5.5	5.4	5.1	4.8	4.5	4.2
乙炔气	m^3	1.8	1.8	1.7	1.6	1.5	1.4
电焊条	kg	26	27	28	29	30	32
石英砂	m^3	0.5	0.4	0.4	0.4	0.4	0.3
探伤材料	张	3.8	3.1	2.9	2.8	2.5	2.2
油漆	kg	3.6	3.1	2.7	2.4	2.2	1.9
汽油 70#	kg	7.4	6.5	5.6	5	4.5	4
柴油 0#	kg	8.9	7.8	6.7	6	5.4	4.8
棉纱头	kg	2.8	2.5	2.1	1.9	1.7	1.5
其他材料费	%	15	15	15	15	15	15
龙门起重机 10t	台时	1.2	1.1	1	1	0.9	0.8
卷板机 22×3500mm	台时	1.2					
卷板机 40×3000mm	台时		1.1	1	1	0.9	0.8
电焊机 20~30kVA	台时	29	29	29	29	30	30
空气压缩机 $9m^3/min$	台时	2.7	2.5	2.3	2.1	1.9	1.7
轴流通风机 28kW	台时	2.4	2.2	2	1.9	1.7	1.6
X光探伤机 TX-2505	台时	1.8	1.7	1.6	1.5	1.4	1.4
剪板机 6.3×2000	台时	0.3	0.3	0.3	0.2	0.2	0.2
刨边机 9m	台时	0.4	0.4	0.4	0.4	0.3	0.3
其他机械费	%	15	15	15	15	15	15
定额编号		13025	13026	13027	13028	13029	13030

(4)D≤4m

单位:t

项目	单位	δ≤mm				
		8	10	12	14	16
工长	工时	8	7	6	6	5
高级工	工时	39	34	29	26	25
中级工	工时	72	62	52	48	46
初级工	工时	39	34	29	26	25
合计	工时	158	137	116	106	101
型钢	kg	43	41	39	37	35
氧气	m^3	7.4	6.7	6.1	5.7	5.6
乙炔气	m^3	2.5	2.2	2	1.9	1.9
电焊条	kg	21	22	22	22	23
石英砂	m^3	1	0.8	0.7	0.6	0.6
探伤材料	张	5.8	5.3	4.9	4.5	4.1
油漆	kg	7.9	6.4	5.4	4.7	4.2
汽油 70#	kg	16	13	11	9.8	8.8
柴油 0#	kg	20	16	14	12	11
棉纱头	kg	6.2	5.1	4.3	3.7	3.4
其他材料费	%	15	15	15	15	15
龙门起重机 10t	台时	1.7	1.5	1.4	1.3	1.2
卷板机 22×3500mm	台时	1.7	1.5	1.4	1.3	1.2
电焊机 20~30kVA	台时	28	28	29	29	29
空气压缩机 $9m^3/min$	台时	4.9	4.4	3.8	3.4	3.2
轴流通风机 28kW	台时	4.4	3.9	3.4	3.1	2.8
X光探伤机 TX-2505	台时	4	3.2	2.7	2.3	2
剪板机 6.3×2000	台时	0.4	0.4	0.4	0.3	0.3
刨边机 9m	台时	0.7	0.6	0.5	0.5	0.5
其他机械费	%	15	15	15	15	15
定额编号		13031	13032	13033	13034	13035

续表

项目	单位	δ≤mm				
		18	20	24	28	32
工长	工时	4	4	4	4	4
高级工	工时	24	23	21	21	21
中级工	工时	43	40	38	38	38
初级工	工时	24	23	21	21	21
合计	工时	95	90	84	84	84
型钢	kg	33	31	30	28	27
氧气	m^3	5.4	5.2	5.1	4.8	4.5
乙炔气	m^3	1.8	1.7	1.7	1.6	1.5
电焊条	kg	23	24	25	26	27
石英砂	m^3	0.5	0.5	0.4	0.4	0.4
探伤材料	张	3.8	3.5	2.9	2.7	2.6
油漆	kg	3.8	3.5	3.1	2.6	2.4
汽油 70#	kg	7.8	7.3	6.4	5.5	4.9
柴油 0#	kg	9.4	8.7	7.6	6.6	5.9
棉纱头	kg	3	2.8	2.4	2.1	1.9
其他材料费	%	15	15	15	15	15
龙门起重机 10t	台时	1.1	1.1	1	1	0.9
卷板机 22×3500mm	台时	1.1	1.1			
卷板机 40×3000mm	台时			1	1	0.9
电焊机 20~30kVA	台时	29	29	29	30	30
空气压缩机 $9m^3/min$	台时	2.9	2.6	2.4	2.2	2
轴流通风机 28kW	台时	2.6	2.3	2.2	1.9	1.8
X光探伤机 TX-2505	台时	1.8	1.6	1.5	1.4	1.4
剪板机 6.3×2000	台时	0.3	0.3	0.3	0.2	0.2
刨边机 9m	台时	0.4	0.4	0.4	0.4	0.3
其他机械费	%	15	15	15	15	15
定额编号		13036	13037	13038	13039	13040

续表

项　目	单位	δ≤mm			
		36	40	44	48
工　长	工时	4	4	4	4
高级工	工时	21	20	20	20
中级工	工时	38	35	35	35
初级工	工时	21	20	20	20
合　计	工时	84	79	79	79
型　钢	kg	26	25	24	22
氧　气	m^3	4.3	4	4	3.8
乙炔气	m^3	1.4	1.3	1.3	1.3
电焊条	kg	28	29	30	31
石英砂	m^3	0.3	0.3	0.3	0.3
探伤材料	张	2.3	2.1	1.9	1.8
油　漆	kg	2.1	1.9	1.9	1.7
汽　油 70#	kg	4.4	3.9	3.9	3.4
柴　油 0#	kg	5.3	4.7	4.7	4.1
棉纱头	kg	1.7	1.5	1.5	1.3
其他材料费	%	15	15	15	15
龙门起重机 10t	台时	0.9	0.8	0.8	0.8
卷板机 40×3000mm	台时	0.9	0.8		
卷板机 50×3000mm	台时			0.8	0.8
电焊机 20~30kVA	台时	30	30	30	30
空气压缩机 $9m^3/min$	台时	1.8	1.6	1.6	1.4
轴流通风机 28kW	台时	1.7	1.6	1.5	1.4
X光探伤机 TX-2505	台时	1.3	1.3	1.2	1.2
剪板机 6.3×2000	台时	0.2	0.2	0.2	0.2
刨边机 9m	台时	0.3	0.3	0.3	0.3
其他机械费	%	15	15	15	15
定额编号		13041	13042	13043	13044

(5)D≤5m

单位:t

项目	单位	δ≤mm			
		12	14	16	18
工长	工时	5	5	5	4
高级工	工时	27	24	23	22
中级工	工时	49	45	43	40
初级工	工时	27	24	23	22
合计	工时	108	98	94	88
型钢	kg	38	36	34	32
氧气	m^3	5.8	5.4	5.3	5.1
乙炔气	m^3	1.9	1.8	1.8	1.7
电焊条	kg	21	21	22	22
石英砂	m^3	0.7	0.6	0.5	0.5
探伤材料	张	4.5	4.1	3.8	3.5
油漆	kg	5.3	4.6	4.2	3.7
汽油 70#	kg	11	9.6	8.6	7.7
柴油 0#	kg	13	12	10	9.2
棉纱头	kg	4.2	3.7	3.3	2.9
其他材料费	%	15	15	15	15
龙门起重机 10t	台时	1.3	1.2	1.1	1.1
卷板机 22×3500mm	台时	1.3	1.2	1.1	1.1
电焊机 20~30kVA	台时	29	29	30	30
空气压缩机 $9m^3/min$	台时	3.7	3.3	3.1	2.8
轴流通风机 28kW	台时	3.3	3	2.7	2.5
X光探伤机 TX-2505	台时	2.4	2.1	1.8	1.6
剪板机 6.3×2000	台时	0.3	0.3	0.3	0.3
刨边机 9m	台时	0.5	0.5	0.4	0.4
其他机械费	%	15	15	15	15
定额编号		13045	13046	13047	13048

续表

项目	单位	δ≤mm				
		20	24	28	32	36
工长	工时	4	4	4	4	4
高级工	工时	21	19	19	19	19
中级工	工时	37	36	36	36	36
初级工	工时	21	19	19	19	19
合计	工时	83	78	78	78	78
型钢	kg	31	29	28	27	25
氧气	m^3	4.9	4.8	4.6	4.3	4
乙炔气	m^3	1.6	1.6	1.5	1.4	1.3
电焊条	kg	22	23	24	25	26
石英砂	m^3	0.5	0.4	0.4	0.4	0.3
探伤材料	张	3.2	2.7	2.5	2.4	2.1
油漆	kg	3.4	3	2.6	2.3	2.1
汽油 70#	kg	7.1	6.2	5.4	4.8	4.3
柴油 0#	kg	8.5	7.5	6.5	5.8	5.2
棉纱头	kg	2.7	2.4	2	1.8	1.6
其他材料费	%	15	15	15	15	15
龙门起重机 10t	台时	1	1	0.9	0.8	0.8
卷板机 22×3500mm	台时	1				
卷板机 40×3000mm	台时		1	0.9	0.8	0.8
电焊机 20~30kVA	台时	30	30	30	30	30
空气压缩机 $9m^3$/min	台时	2.6	2.4	2.1	2	1.8
轴流通风机 28kW	台时	2.2	2.1	1.9	1.7	1.6
X光探伤机 TX-2505	台时	1.5	1.4	1.3	1.2	1.2
剪板机 6.3×2000	台时	0.3	0.2	0.2	0.2	0.2
刨边机 9m	台时	0.4	0.4	0.4	0.3	0.3
其他机械费	%	15	15	15	15	15
定额编号		13049	13050	13051	13052	13053

续表

项目	单位	δ≤mm			
		40	44	48	52
工长	工时	4	4	4	4
高级工	工时	18	18	18	18
中级工	工时	33	33	33	33
初级工	工时	18	18	18	18
合计	工时	73	73	73	73
型钢	kg	24	23	22	22
氧气	m^3	3.8	3.8	3.6	3.5
乙炔气	m^3	1.3	1.3	1.2	1.2
电焊条	kg	27	28	30	31
石英砂	m^3	0.3	0.3	0.3	0.2
探伤材料	张	1.9	1.7	1.6	1.4
油漆	kg	1.8	1.8	1.6	1.4
汽油 70#	kg	3.8	3.8	3.4	2.9
柴油 0#	kg	4.6	4.6	4	3.5
棉纱头	kg	1.5	1.5	1.3	1.1
其他材料费	%	15	15	15	15
龙门起重机 10t	台时	0.8	0.8	0.7	0.7
卷板机 40×3000mm	台时	0.8			
卷板机 50×3000mm	台时		0.8	0.7	0.7
电焊机 20～30kVA	台时	30	31	31	31
空气压缩机 $9m^3/min$	台时	1.6	1.5	1.4	1.3
轴流通风机 28kW	台时	1.5	1.4	1.3	1.2
X光探伤机 TX－2505	台时	1.1	1.1	1	1
剪板机 6.3×2000	台时	0.2	0.2	0.1	0.1
刨边机 9m	台时	0.3	0.3	0.3	0.3
其他机械费	%	15	15	15	15
定额编号		13054	13055	13056	13057

(6) D≤6m

单位:t

项目	单位	δ≤mm					
		14	16	18	20	24	28
工长	工时	5	5	4	4	4	4
高级工	工时	24	23	22	21	19	19
中级工	工时	45	43	40	37	36	36
初级工	工时	24	23	22	21	19	19
合计	工时	98	94	88	83	78	78
型钢	kg	35	33	32	30	28	27
氧气	m^3	5	4.9	4.8	4.6	4.5	4.3
乙炔气	m^3	1.7	1.7	1.6	1.6	1.5	1.4
电焊条	kg	20	21	21	22	22	24
石英砂	m^3	0.6	0.5	0.5	0.5	0.4	0.4
探伤材料	张	3.7	3.5	3.2	2.9	2.4	2.3
油漆	kg	4.5	4.1	3.6	3.3	2.9	2.5
汽油 70#	kg	9.4	8.5	7.5	7	6.1	5.3
柴油 0#	kg	11	10	9	8.4	7.3	6.3
棉纱头	kg	3.6	3.2	2.9	2.6	2.3	2
其他材料费	%	15	15	15	15	15	15
龙门起重机 10t	台时	1.2	1.1	1	1	0.9	0.8
卷板机 22×3500mm	台时	1.2	1.1	1	1		
卷板机 40×3000mm	台时					0.9	0.8
电焊机 20~30kVA	台时	30	30	30	31	31	31
空气压缩机 $9m^3/min$	台时	3.2	3	2.7	2.5	2.3	2.1
轴流通风机 28kW	台时	2.9	2.7	2.4	2.2	2	1.8
X光探伤机 TX-2505	台时	2	1.7	1.6	1.4	1.3	1.3
剪板机 6.3×2000	台时	0.3	0.3	0.3	0.2	0.2	0.2
刨边机 9m	台时	0.5	0.4	0.4	0.4	0.4	0.3
其他机械费	%	15	15	15	15	15	15
定额编号		13058	13059	13060	13061	13062	13063

续表

项目	单位	δ≤mm					
		32	36	40	44	48	52
工长	工时	4	4	4	4	4	4
高级工	工时	19	19	18	18	18	18
中级工	工时	36	36	33	33	33	33
初级工	工时	19	19	18	18	18	18
合计	工时	78	78	73	73	73	73
型钢	kg	26	25	24	23	21	21
氧气	m^3	4	3.8	3.5	3.5	3.4	3.3
乙炔气	m^3	1.3	1.3	1.2	1.2	1.1	1.1
电焊条	kg	24	25	26	27	28	29
石英砂	m^3	0.4	0.3	0.3	0.3	0.2	0.2
探伤材料	张	2.2	1.9	1.7	1.6	1.5	1.3
油漆	kg	2.3	2	1.8	1.8	1.6	1.4
汽油 70#	kg	4.7	4.2	3.8	3.8	3.3	2.8
柴油 0#	kg	5.6	5.1	4.5	4.5	4	3.4
棉纱头	kg	1.8	1.6	1.4	1.4	1.3	1.1
其他材料费	%	15	15	15	15	15	15
龙门起重机 10t	台时	0.8	0.8	0.8	0.7	0.7	0.7
卷板机 40×3000mm	台时	0.8	0.8	0.8			
卷板机 50×3000mm	台时				0.7	0.7	0.7
电焊机 20~30kVA	台时	31	31	31	32	32	32
空气压缩机 9m^3/min	台时	1.9	1.7	1.6	1.5	1.4	1.3
轴流通风机 28kW	台时	1.7	1.6	1.5	1.4	1.3	1.2
X光探伤机 TX-2505	台时	1.2	1.1	1.1	1	1	1
剪板机 6.3×2000	台时	0.2	0.2	0.2	0.2	0.1	0.1
刨边机 9m	台时	0.3	0.3	0.3	0.3	0.3	0.2
其他机械费	%	15	15	15	15	15	15
定额编号		13064	13065	13066	13067	13068	13069

(7)D≤7m

单位:t

项目	单位	δ≤mm					
		16	18	20	24	28	32
工长	工时	5	4	4	4	4	4
高级工	工时	23	22	21	19	19	19
中级工	工时	43	40	37	36	36	36
初级工	工时	23	22	21	19	19	19
合计	工时	94	88	83	78	78	78
型钢	kg	33	31	29	27	26	25
氧气	m^3	4.6	4.5	4.4	4.3	4	3.8
乙炔气	m^3	1.5	1.5	1.5	1.4	1.3	1.3
电焊条	kg	20	21	21	22	23	24
石英砂	m^3	0.5	0.5	0.4	0.4	0.4	0.4
探伤材料	张	3.2	3	2.7	2.2	2.1	2
油漆	kg	4	3.5	3.3	2.9	2.5	2.2
汽油 70#	kg	8.3	7.4	6.8	6	5.2	4.6
柴油 0#	kg	9.9	8.8	8.2	7.2	6.2	5.5
棉纱头	kg	3.2	2.8	2.6	2.3	2	1.8
其他材料费	%	15	15	15	15	15	15
龙门起重机 10t	台时	1	1	0.9	0.8	0.8	0.8
卷板机 22×3500mm	台时	1	1	0.9			
卷板机 40×3000mm	台时				0.8	0.8	0.8
电焊机 20~30kVA	台时	31	31	31	31	32	32
空气压缩机 $9m^3/min$	台时	3	2.7	2.4	2.3	2	1.9
轴流通风机 28kW	台时	2.6	2.3	2.1	2	1.8	1.7
X光探伤机 TX-2505	台时	1.6	1.5	1.3	1.3	1.2	1.1
剪板机 6.3×2000	台时	0.3	0.3	0.2	0.2	0.2	0.2
刨边机 9m	台时	0.4	0.3	0.3	0.3	0.3	0.3
其他机械费	%	15	15	15	15	15	15
定额编号		13070	13071	13072	13073	13074	13075

续表

项目	单位	δ≤mm				
		36	40	44	48	52
工长	工时	4	4	4	4	4
高级工	工时	19	18	18	18	18
中级工	工时	36	33	33	33	33
初级工	工时	19	18	18	18	18
合计	工时	78	73	73	73	73
型钢	kg	24	23	22	21	21
氧气	m^3	3.5	3.3	3.3	3.2	3.1
乙炔气	m^3	1.2	1.1	1.1	1.1	1
电焊条	kg	25	26	27	28	29
石英砂	m^3	0.3	0.3	0.3	0.2	0.2
探伤材料	张	1.8	1.6	1.5	1.4	1.2
油漆	kg	2	1.8	1.8	1.6	1.3
汽油 70#	kg	4.1	3.7	3.7	3.2	2.8
柴油 0#	kg	5	4.4	4.4	3.9	3.3
棉纱头	kg	1.6	1.4	1.4	1.2	1.1
其他材料费	%	15	15	15	15	15
龙门起重机 10t	台时	0.8	0.8	0.7	0.7	0.7
卷板机 40×3000mm	台时	0.8	0.8			
卷板机 50×3000mm	台时			0.7	0.7	0.7
电焊机 20~30kVA	台时	32	32	32	32	33
空气压缩机 $9m^3/min$	台时	1.7	1.5	1.5	1.3	1.3
轴流通风机 28kW	台时	1.5	1.4	1.4	1.2	1.2
X光探伤机 TX-2505	台时	1.1	1.1	1	1	0.9
剪板机 6.3×2000	台时	0.2	0.2	0.1	0.1	0.1
刨边机 9m	台时	0.3	0.2	0.2	0.2	0.2
其他机械费	%	15	15	15	15	15
定额编号		13076	13077	13078	13079	13080

(8)D > 7m

单位:t

项目	单位	δ≤mm					
		16	18	20	24	28	32
工长	工时	5	4	4	4	4	4
高级工	工时	23	22	21	19	19	19
中级工	工时	43	40	37	36	36	36
初级工	工时	23	22	21	19	19	19
合计	工时	94	88	83	78	78	78
型钢	kg	32	30	28	27	26	25
氧气	m^3	4.3	4.2	4.1	4	3.8	3.5
乙炔气	m^3	1.4	1.4	1.4	1.3	1.3	1.2
电焊条	kg	19	20	20	21	22	23
石英砂	m^3	0.5	0.5	0.4	0.4	0.4	0.3
探伤材料	张	3	2.7	2.5	2.1	2	1.8
油漆	kg	3.9	3.5	3.2	2.8	2.4	2.2
汽油 70#	kg	8.1	7.2	6.7	5.9	5	4.5
柴油 0#	kg	9.7	8.6	8	7	6.1	5.4
棉纱头	kg	3.1	2.7	2.5	2.2	1.9	1.7
其他材料费	%	15	15	15	15	15	15
龙门起重机 10t	台时	1	0.9	0.9	0.8	0.8	0.8
卷板机 22×3500mm	台时	1	0.9	0.9			
卷板机 40×3000mm	台时				0.8	0.8	0.8
电焊机 20~30kVA	台时	32	32	32	32	32	32
空气压缩机 $9m^3/min$	台时	2.9	2.6	2.4	2.2	2	1.8
轴流通风机 28kW	台时	2.5	2.3	2.1	1.9	1.7	1.6
X光探伤机 TX-2505	台时	1.6	1.5	1.3	1.2	1.2	1.1
剪板机 6.3×2000	台时	0.3	0.2	0.2	0.2	0.2	0.2
刨边机 9m	台时	0.3	0.3	0.3	0.3	0.3	0.3
其他机械费	%	15	15	15	15	15	15
定额编号		13081	13082	13083	13084	13085	13086

续表

项目	单位	δ≤mm				
		36	40	44	48	52
工长	工时	4	4	4	4	4
高级工	工时	19	18	18	18	18
中级工	工时	36	33	33	33	33
初级工	工时	19	18	18	18	18
合计	工时	78	73	73	73	73
型钢	kg	23	22	21	20	20
氧气	m^3	3.3	3.1	3.1	3	2.9
乙炔气	m^3	1.1	1	1	1	1
电焊条	kg	24	25	26	27	28
石英砂	m^3	0.3	0.3	0.3	0.2	0.2
探伤材料	张	1.7	1.5	1.3	1.3	1.1
油漆	kg	1.9	1.7	1.7	1.5	1.3
汽油 70#	kg	4.1	3.6	3.6	3.2	2.7
柴油 0#	kg	4.9	4.3	4.3	3.8	3.2
棉纱头	kg	1.5	1.4	1.4	1.2	1
其他材料费	%	15	15	15	15	15
龙门起重机 10t	台时	0.7	0.7	0.7	0.7	0.7
卷板机 40×3000mm	台时	0.7	0.7			
卷板机 50×3000mm	台时			0.7	0.7	0.7
电焊机 20~30kVA	台时	32	32	33	33	33
空气压缩机 $9m^3/min$	台时	1.6	1.5	1.4	1.3	1.2
轴流通风机 28kW	台时	1.5	1.4	1.3	1.2	1.1
X光探伤机 TX-2505	台时	1.1	1	1	0.9	0.9
剪板机 6.3×2000	台时	0.2	0.2	0.1	0.1	0.1
刨边机 9m	台时	0.2	0.2	0.2	0.2	0.2
其他机械费	%	15	15	15	15	15
定额编号		13087	13088	13089	13090	13091

十三-2 钢管安装

(1)D≤1m

单位:t

项目	单位	δ≤mm			
		8	10	12	14
工长	工时	10	9	8	7
高级工	工时	51	44	41	39
中级工	工时	91	78	74	69
初级工	工时	51	44	41	39
合计	工时	203	175	164	154
钢板	kg	26	24	22	19
型钢	kg	57	52	47	42
钢轨	kg	64	58	53	47
氧气	m^3	9	8.3	7.6	7
乙炔气	m^3	3	2.8	2.6	2.3
电焊条	kg	24	25	25	26
油漆	kg	2.3	2.1	1.8	1.5
木材	m^3	0.04	0.04	0.04	0.04
电	kWh	66	63	60	58
碳精棒	根	17	16	15	13
探伤材料	张	5.7	5.3	4.8	4.4
其他材料费	%	15	15	15	15
汽车起重机 10t	台时	3.8	3.4	3	2.6
卷扬机 5t	台时	5.9	5.6	5.4	5.2
电焊机 20~30kVA	台时	27	27	28	28
载重汽车 5t	台时	2.3	2.2	2.1	1.9
X光探伤机 TX-2505	台时	2.7	2.6	2.4	2.2
其他机械费	%	15	15	15	15
定额编号		13092	13093	13094	13095

续表

项目	单位	δ≤mm			
		16	18	20	22
工长	工时	7	7	6	6
高级工	工时	37	34	33	30
中级工	工时	67	63	59	54
初级工	工时	37	34	33	30
合计	工时	148	138	131	120
钢板	kg	16	14	12	11
型钢	kg	38	34	30	29
钢轨	kg	43	38	35	32
氧气	m^3	7	6.6	6.6	6.3
乙炔气	m^3	2.3	2.2	2.2	2.1
电焊条	kg	26	27	27	28
油漆	kg	1.4	1.3	1.2	1.1
木材	m^3	0.04	0.04	0.04	0.03
电	kWh	56	55	53	51
碳精棒	根	12	11	9.6	8.4
探伤材料	张	4.1	3.8	3.5	2.9
其他材料费	%	15	15	15	15
汽车起重机 10t	台时	2.3	1.9	1.7	1.5
卷扬机 5t	台时	5.1	5	4.9	4.6
电焊机 20~30kVA	台时	29	29	29	29
载重汽车 5t	台时	1.9	1.7	1.6	1.4
X光探伤机 TX-2505	台时	2.1	2	1.9	1.6
其他机械费	%	15	15	15	15
定额编号		13096	13097	13098	13099

(2)D≤2m

单位:t

项目	单位	δ≤mm				
		8	10	12	14	16
工长	工时	8	7	7	6	6
高级工	工时	41	35	33	31	29
中级工	工时	72	63	59	54	54
初级工	工时	41	35	33	31	29
合计	工时	162	140	132	122	118
钢板	kg	21	19	17	15	13
型钢	kg	48	43	39	35	32
钢轨	kg	53	48	44	39	36
氧气	m^3	8.2	7.6	7	6.3	6.3
乙炔气	m^3	2.7	2.5	2.3	2.1	2.1
电焊条	kg	20	21	21	21	22
油漆	kg	2.3	2.1	1.8	1.5	1.4
木材	m^3	0.04	0.04	0.04	0.04	0.04
电	kWh	55	53	50	48	47
碳精棒	根	16	14	13	12	11
探伤材料	张	5.7	5.3	4.8	4.4	4.1
其他材料费	%	15	15	15	15	15
汽车起重机 10t	台时	2.9	2.6	2.3	2	1.8
卷扬机 5t	台时	5.1	4.9	4.7	4.5	4.5
电焊机 20~30kVA	台时	25	25	26	26	26
载重汽车 5t	台时	2	1.9	1.8	1.6	1.6
X光探伤机 TX-2505	台时	2.5	2.4	2.2	2.1	2
其他机械费	%	15	15	15	15	15
定额编号		13100	13101	13102	13103	13104

续表

项目	单位	δ≤mm				
		18	20	24	28	32
工长	工时	6	5	5	5	5
高级工	工时	27	26	24	24	24
中级工	工时	50	47	43	43	44
初级工	工时	27	26	24	24	24
合计	工时	110	104	96	96	97
钢板	kg	11	9.7	8.6	7.7	6.9
型钢	kg	28	25	24	23	22
钢轨	kg	32	29	27	26	24
氧气	m^3	6	6	5.7	5.4	5.1
乙炔气	m^3	2	2	1.9	1.8	1.7
电焊条	kg	22	23	23	25	26
油漆	kg	1.3	1.2	1.1	1	0.9
木材	m^3	0.04	0.04	0.03	0.03	0.03
电	kWh	46	45	43	41	38
碳精棒	根	9.8	8.7	7.7	7.7	6.6
探伤材料	张	3.8	3.5	2.9	2.7	2.6
其他材料费	%	15	15	15	15	15
汽车起重机 10t	台时	1.5	1.3	1.1	1	0.8
卷扬机 5t	台时	4.4	4.3	4	3.9	3.5
电焊机 20~30kVA	台时	27	27	27	28	28
载重汽车 5t	台时	1.4	1.3	1.2	1.1	1
X光探伤机 TX-2505	台时	1.8	1.7	1.5	1.4	1.4
其他机械费	%	15	15	15	15	15
定额编号		13105	13106	13107	13108	13109

(3) D≤3m

单位:t

项目	单位	δ≤mm					
		8	10	12	14	16	18
工长	工时	7	6	6	5	5	5
高级工	工时	34	29	27	26	25	23
中级工	工时	62	54	50	46	45	41
初级工	工时	34	29	27	26	25	23
合计	工时	137	118	110	103	100	92
钢板	kg	16	15	13	12	9.7	8.5
型钢	kg	39	36	33	29	26	23
钢轨	kg	44	40	36	32	29	26
氧气	m^3	7.8	7.2	6.6	6	6	5.7
乙炔气	m^3	2.6	2.4	2.2	2	2	1.9
电焊条	kg	18	19	19	20	20	20
油漆	kg	2.3	2.1	1.8	1.5	1.4	1.3
木材	m^3	0.03	0.03	0.03	0.03	0.03	0.03
电	kWh	52	50	47	45	44	43
碳精棒	根	14	13	12	11	10	9
探伤材料	张	5.7	5.3	4.8	4.4	4.1	3.8
其他材料费	%	15	15	15	15	15	15
汽车起重机 10t	台时	2.3	2.1	1.8	1.6	1.4	1.1
卷扬机 5t	台时	4.5	4.4	4.2	4	4	3.9
电焊机 20~30kVA	台时	23	24	24	25	25	25
载重汽车 5t	台时	1.7	1.6	1.5	1.4	1.4	1.3
X光探伤机 TX-2505	台时	2.4	2.3	2.1	2	1.9	1.8
其他机械费	%	15	15	15	15	15	15
定额编号		13110	13111	13112	13113	13114	13115

续表

项目	单位	$\delta \leqslant$ mm					
		20	24	28	32	36	40
工长	工时	4	4	4	4	4	4
高级工	工时	22	20	20	21	21	21
中级工	工时	40	36	35	36	37	39
初级工	工时	22	20	20	21	21	21
合计	工时	88	80	79	82	83	85
钢板	kg	7.6	6.7	6	5.4	5.2	4.7
型钢	kg	21	20	19	18	17	16
钢轨	kg	24	22	21	20	19	18
氧气	m^3	5.7	5.4	5.1	4.8	4.6	4.2
乙炔气	m^3	1.9	1.8	1.7	1.6	1.5	1.4
电焊条	kg	21	22	23	24	25	26
油漆	kg	1.2	1.1	1	0.9	0.8	0.7
木材	m^3	0.03	0.02	0.02	0.02	0.02	0.02
电	kWh	42	40	38	36	34	32
碳精棒	根	8	7	7	6.1	6.1	5
探伤材料	张	3.5	2.9	2.7	2.6	2.3	2.1
其他材料费	%	15	15	15	15	15	15
汽车起重机 10t	台时	1.1	0.9	0.8	0.7	0.6	0.6
卷扬机 5t	台时	3.8	3.6	3.4	3.2	3.1	2.8
电焊机 20~30kVA	台时	26	26	26	27	27	27
载重汽车 5t	台时	1.2	1	0.9	0.9	0.8	0.7
X光探伤机 TX-2505	台时	1.6	1.4	1.4	1.3	1.2	1.1
其他机械费	%	15	15	15	15	15	15
定额编号		13116	13117	13118	13119	13120	13121

(4)D≤4m

单位:t

项目	单位	δ≤mm				
		8	10	12	14	16
工长	工时	6	6	5	5	5
高级工	工时	30	26	24	23	22
中级工	工时	55	48	45	41	40
初级工	工时	30	26	24	23	22
合计	工时	121	106	98	92	89
钢板	kg	12	11	10	9.2	7.5
型钢	kg	35	32	29	26	23
钢轨	kg	37	33	30	27	25
氧气	m^3	7.4	6.8	6.3	5.7	5.7
乙炔气	m^3	2.5	2.3	2.1	1.9	1.9
电焊条	kg	18	18	19	19	20
油漆	kg	2.3	2.1	1.8	1.5	1.4
木材	m^3	0.02	0.02	0.02	0.02	0.02
电	kWh	50	47	45	43	42
碳精棒	根	14	13	12	11	10
探伤材料	张	5.7	5.3	4.8	4.4	4.1
其他材料费	%	15	15	15	15	15
汽车起重机 10t	台时	1.7	1.5	1.3	1.2	1
卷扬机 5t	台时	4.1	3.9	3.8	3.6	3.6
电焊机 20~30kVA	台时	21	22	22	23	23
载重汽车 5t	台时	1.4	1.4	1.3	1.2	1.1
X光探伤机 TX-2505	台时	2.2	2.1	2	1.9	1.8
其他机械费	%	15	15	15	15	15
定额编号		13122	13123	13124	13125	13126

续表

项目	单位	δ≤mm				
		18	20	24	28	32
工长	工时	4	4	4	4	4
高级工	工时	21	19	18	18	18
中级工	工时	37	36	32	31	33
初级工	工时	21	19	18	18	18
合计	工时	83	78	72	71	73
钢板	kg	6.6	5.8	5.2	4.6	4.2
型钢	kg	21	19	18	17	16
钢轨	kg	22	20	19	18	17
氧气	m^3	5.4	5.4	5.1	4.8	4.6
乙炔气	m^3	1.8	1.8	1.7	1.6	1.5
电焊条	kg	20	20	21	22	23
油漆	kg	1.3	1.2	1.1	1	0.9
木材	m^3	0.02	0.02	0.01	0.01	0.01
电	kWh	41	40	38	37	35
碳精棒	根	9	8	7	7	6.1
探伤材料	张	3.8	3.5	2.9	2.7	2.6
其他材料费	%	15	15	15	15	15
汽车起重机 10t	台时	0.8	0.8	0.6	0.6	0.5
卷扬机 5t	台时	3.5	3.4	3.2	3.1	2.8
电焊机 20~30kVA	台时	23	23	24	24	24
载重汽车 5t	台时	1.1	1	0.9	0.8	0.7
X光探伤机 TX-2505	台时	1.7	1.6	1.3	1.3	1.3
其他机械费	%	15	15	15	15	15
定额编号		13127	13128	13129	13130	13131

续表

项目	单位	δ≤mm			
		36	40	44	48
工长	工时	4	4	4	4
高级工	工时	18	19	19	21
中级工	工时	33	34	36	37
初级工	工时	18	19	19	21
合计	工时	73	76	78	83
钢板	kg	4	3.6	3.4	3.2
型钢	kg	15	14	13	13
钢轨	kg	16	15	14	14
氧气	m^3	4.4	4	3.8	3.7
乙炔气	m^3	1.5	1.3	1.3	1.2
电焊条	kg	24	25	26	27
油漆	kg	0.8	0.7	0.6	0.5
木材	m^3	0.01	0.01	0.01	0.01
电	kWh	33	31	29	28
碳精棒	根	6.1	5	5	5
探伤材料	张	2.3	2.1	1.9	1.8
其他材料费	%	15	15	15	15
汽车起重机 10t	台时	0.4	0.4	0.4	0.4
卷扬机 5t	台时	2.8	2.5	2.3	2.2
电焊机 20~30kVA	台时	25	25	25	26
载重汽车 5t	台时	0.6	0.6	0.6	0.5
X光探伤机 TX-2505	台时	1.1	1	0.9	0.9
其他机械费	%	15	15	15	15
定额编号		13132	13133	13134	13135

(5)D≤5m

单位:t

项目	单位	δ≤mm			
		12	14	16	18
工长	工时	4	4	4	4
高级工	工时	23	21	21	19
中级工	工时	41	39	36	35
初级工	工时	23	21	21	19
合计	工时	91	85	82	77
钢板	kg	9.7	8.8	7.1	6.2
型钢	kg	29	26	23	21
钢轨	kg	28	25	23	20
氧气	m^3	5.9	5.4	5.4	5.1
乙炔气	m^3	2	1.8	1.8	1.7
电焊条	kg	17	18	18	18
油漆	kg	1.8	1.5	1.4	1.3
木材	m^3	0.02	0.02	0.02	0.02
电	kWh	42	40	39	38
碳精棒	根	13	12	11	9.8
探伤材料	张	4.8	4.4	4.1	3.8
其他材料费	%	15	15	15	15
汽车起重机 10t	台时	1.1	1	0.9	0.7
卷扬机 5t	台时	3.4	3.2	3.2	3.1
电焊机 20~30kVA	台时	20	20	21	21
载重汽车 5t	台时	1.1	1	1	0.9
X光探伤机 TX-2505	台时	1.9	1.7	1.7	1.6
其他机械费	%	15	15	15	15
定额编号		13136	13137	13138	13139

续表

项目	单位	δ≤mm				
		20	24	28	32	36
工长	工时	4	3	3	3	3
高级工	工时	18	17	16	17	17
中级工	工时	32	29	30	30	31
初级工	工时	18	17	16	17	17
合计	工时	72	66	65	67	68
钢板	kg	5.5	4.9	4.4	4	3.8
型钢	kg	19	18	17	16	15
钢轨	kg	19	17	17	16	15
氧气	m^3	5.1	4.8	4.6	4.3	4.1
乙炔气	m^3	1.7	1.6	1.5	1.4	1.4
电焊条	kg	19	19	20	21	22
油漆	kg	1.2	1.1	1	0.9	0.8
木材	m^3	0.02	0.01	0.01	0.01	0.01
电	kWh	37	35	34	32	30
碳精棒	根	8.7	7.7	7.7	6.6	6.6
探伤材料	张	3.5	2.9	2.7	2.6	2.3
其他材料费	%	15	15	15	15	15
汽车起重机 10t	台时	0.7	0.6	0.5	0.4	0.4
卷扬机 5t	台时	3	2.8	2.7	2.5	2.5
电焊机 20~30kVA	台时	21	21	22	22	22
载重汽车 5t	台时	0.8	0.8	0.7	0.6	0.6
X光探伤机 TX-2505	台时	1.4	1.3	1.2	1.2	1.1
其他机械费	%	15	15	15	15	15
定额编号		13140	13141	13142	13143	13144

续表

项　　目	单位	δ≤mm			
		40	44	48	52
工　　长	工时	4	4	4	4
高 级 工	工时	17	18	19	20
中 级 工	工时	32	32	35	36
初 级 工	工时	17	18	19	20
合　　计	工时	70	72	77	80
钢　　板	kg	3.4	3.2	3.1	2.9
型　　钢	kg	14	13	13	12
钢　　轨	kg	14	13	13	12
氧　　气	m^3	3.8	3.6	3.5	3.2
乙 炔 气	m^3	1.3	1.2	1.2	1.1
电 焊 条	kg	23	24	25	25
油　　漆	kg	0.7	0.6	0.5	0.5
木　　材	m^3	0.01	0.01	0.01	0.01
电	kWh	28	27	26	24
碳 精 棒	根	5.4	5.4	5.4	5.4
探伤材料	张	2.1	1.9	1.8	1.5
其他材料费	%	15	15	15	15
汽车起重机 10t	台时	0.4	0.3	0.3	0.3
卷 扬 机 5t	台时	2.3	2.1	1.9	1.8
电 焊 机 20~30kVA	台时	22	23	23	24
载 重 汽 车 5t	台时	0.5	0.5	0.4	0.4
X 光探伤机 TX-2505	台时	1	0.9	0.8	0.8
其他机械费	%	15	15	15	15
定 额 编 号		13145	13146	13147	13148

(6) D≤6m

单位：t

项目	单位	δ≤mm					
		14	16	18	20	24	28
工长	工时	4	4	4	4	3	3
高级工	工时	21	21	19	18	17	16
中级工	工时	39	36	35	32	29	30
初级工	工时	21	21	19	18	17	16
合计	工时	85	82	77	72	66	65
钢板	kg	8.5	6.9	6	5.3	4.7	4.2
型钢	kg	25	22	20	18	17	16
钢轨	kg	23	21	19	18	16	16
氧气	m^3	5.1	5.1	4.8	4.8	4.6	4.3
乙炔气	m^3	1.7	1.7	1.6	1.6	1.5	1.4
电焊条	kg	17	17	18	18	19	20
油漆	kg	1.5	1.4	1.3	1.2	1.1	1
木材	m^3	0.02	0.02	0.02	0.02	0.01	0.01
电	kWh	38	38	36	36	34	33
碳精棒	根	12	11	9.8	8.7	7.7	7.7
探伤材料	张	4.4	4.1	3.8	3.5	2.9	2.7
其他材料费	%	15	15	15	15	15	15
汽车起重机 10t	台时	0.9	0.8	0.7	0.6	0.5	0.4
卷扬机 5t	台时	3	2.9	2.8	2.8	2.6	2.5
电焊机 20~30kVA	台时	19	19	19	19	20	20
载重汽车 5t	台时	0.9	0.9	0.8	0.7	0.7	0.6
X光探伤机 TX-2505	台时	1.7	1.6	1.5	1.4	1.2	1.2
其他机械费	%	15	15	15	15	15	15
定额编号		13149	13150	13151	13152	13153	13154

续表

项目	单位	δ≤mm					
		32	36	40	44	48	52
工长	工时	3	3	4	4	4	4
高级工	工时	17	17	17	18	19	20
中级工	工时	30	31	32	32	35	36
初级工	工时	17	17	17	18	19	20
合计	工时	67	68	70	72	77	80
钢板	kg	3.8	3.6	3.3	3.1	3	2.8
型钢	kg	15	14	14	13	12	11
钢轨	kg	15	14	13	12	12	11
氧气	m^3	4	3.9	3.5	3.4	3.3	3
乙炔气	m^3	1.4	1.3	1.2	1.1	1.1	1
电焊条	kg	20	21	22	23	24	25
油漆	kg	0.9	0.8	0.7	0.6	0.5	0.5
木材	m^3	0.01	0.01	0.01	0.01	0.01	0.01
电	kWh	31	29	27	26	25	23
碳精棒	根	6.6	6.6	5.4	5.4	5.4	5.4
探伤材料	张	2.6	2.3	2.1	1.9	1.8	1.5
其他材料费	%	15	15	15	15	15	15
汽车起重机 10t	台时	0.4	0.4	0.3	0.3	0.3	0.3
卷扬机 5t	台时	2.3	2.2	2.1	1.9	1.8	1.7
电焊机 20~30kVA	台时	20	20	21	21	21	22
载重汽车 5t	台时	0.6	0.5	0.5	0.4	0.4	0.4
X光探伤机 TX-2505	台时	1.1	1	0.9	0.8	0.8	0.8
其他机械费	%	15	15	15	15	15	15
定额编号		13155	13156	13157	13158	13159	13160

(7) D≤7m

单位:t

项目	单位	δ≤mm					
		16	18	20	24	28	32
工长	工时	4	4	4	3	3	3
高级工	工时	21	19	18	17	16	17
中级工	工时	36	35	32	29	30	30
初级工	工时	21	19	18	17	16	17
合计	工时	82	77	72	66	65	67
钢板	kg	6.5	5.7	5	4.5	4	3.6
型钢	kg	22	20	18	17	16	15
钢轨	kg	20	17	16	15	14	13
氧气	m^3	4.7	4.5	4.5	4.3	4	3.8
乙炔气	m^3	1.6	1.5	1.5	1.4	1.3	1.3
电焊条	kg	17	17	18	18	19	20
油漆	kg	1.4	1.3	1.2	1.1	1	0.9
木材	m^3	0.02	0.02	0.02	0.01	0.01	0.01
电	kWh	35	34	33	32	31	29
碳精棒	根	10	9	8	7	7	6.1
探伤材料	张	4.1	3.8	3.5	2.9	2.7	2.6
其他材料费	%	15	15	15	15	15	15
汽车起重机 10t	台时	0.7	0.6	0.6	0.5	0.4	0.4
卷扬机 5t	台时	2.7	2.6	2.6	2.4	2.3	2.1
电焊机 20~30kVA	台时	17	18	18	18	18	18
载重汽车 5t	台时	0.8	0.7	0.7	0.6	0.5	0.5
X光探伤机 TX-2505	台时	1.5	1.4	1.3	1.1	1.1	1
其他机械费	%	15	15	15	15	15	15
定额编号		13161	13162	13163	13164	13165	13166

续表

项目	单位	δ≤mm				
		36	40	44	48	52
工长	工时	3	4	4	4	4
高级工	工时	17	17	18	19	20
中级工	工时	31	32	32	35	36
初级工	工时	17	17	18	19	20
合计	工时	68	70	72	77	80
钢板	kg	3.4	3.1	3	2.8	2.6
型钢	kg	14	14	13	12	11
钢轨	kg	13	12	11	11	9.9
氧气	m^3	3.7	3.3	3.2	3.1	2.8
乙炔气	m^3	1.2	1.1	1.1	1	1
电焊条	kg	21	22	22	23	24
油漆	kg	0.8	0.7	0.6	0.5	0.5
木材	m^3	0.01	0.01	0.01	0.01	0.01
电	kWh	27	26	24	23	22
碳精棒	根	6.1	5	5	5	5
探伤材料	张	2.3	2.1	1.9	1.8	1.5
其他材料费	%	15	15	15	15	15
汽车起重机 10t	台时	0.3	0.3	0.3	0.3	0.2
卷扬机 5t	台时	2.1	1.9	1.7	1.6	1.5
电焊机 20~30kVA	台时	19	19	19	20	20
载重汽车 5t	台时	0.4	0.4	0.4	0.3	0.3
X光探伤机 TX-2505	台时	1	0.9	0.8	0.7	0.7
其他机械费	%	15	15	15	15	15
定额编号		13167	13168	13169	13170	13171

(8) D > 7m

单位:t

项目	单位	δ≤mm					
		16	18	20	24	28	32
工长	工时	4	4	4	3	3	3
高级工	工时	21	19	18	17	16	17
中级工	工时	36	35	32	29	30	30
初级工	工时	21	19	18	17	16	17
合计	工时	82	77	72	66	65	67
钢板	kg	6.2	5.5	4.9	4.3	3.9	3.5
型钢	kg	22	20	18	17	16	15
钢轨	kg	18	16	15	14	13	12
氧气	m^3	4.4	4.2	4.2	4	3.8	3.5
乙炔气	m^3	1.5	1.4	1.4	1.3	1.3	1.2
电焊条	kg	17	17	17	18	19	19
油漆	kg	1.4	1.3	1.2	1.1	1	0.9
木材	m^3	0.02	0.02	0.02	0.01	0.01	0.01
电	kWh	33	32	31	30	29	27
碳精棒	根	10	9	8	7	7	6.1
探伤材料	张	4.1	3.8	3.5	2.9	2.7	2.6
其他材料费	%	15	15	15	15	15	15
汽车起重机 10t	台时	0.7	0.6	0.5	0.5	0.4	0.3
卷扬机 5t	台时	2.5	2.4	2.4	2.2	2.1	2
电焊机 20~30kVA	台时	16	17	17	17	17	17
载重汽车 5t	台时	0.7	0.7	0.6	0.5	0.5	0.5
X光探伤机 TX-2505	台时	1.4	1.3	1.2	1	1	1
其他机械费	%	15	15	15	15	15	15
定额编号		13172	13173	13174	13175	13176	13177

续表

项目	单位	δ≤mm				
		36	40	44	48	52
工长	工时	3	4	4	4	4
高级工	工时	17	17	18	19	20
中级工	工时	31	32	32	35	36
初级工	工时	17	17	18	19	20
合计	工时	68	70	72	77	80
钢板	kg	3.3	3	2.9	2.7	2.5
型钢	kg	14	14	13	12	11
钢轨	kg	12	11	10	10	9
氧气	m^3	3.4	3.1	3	2.9	2.7
乙炔气	m^3	1.1	1	1	1	0.9
电焊条	kg	20	21	22	23	24
油漆	kg	0.8	0.7	0.6	0.5	0.5
木材	m^3	0.01	0.01	0.01	0.01	0.01
电	kWh	26	24	23	22	20
碳精棒	根	6.1	5	5	5	5
探伤材料	张	2.3	2.1	1.9	1.8	1.5
其他材料费	%	15	15	15	15	15
汽车起重机 10t	台时	0.3	0.3	0.3	0.2	0.2
卷扬机 5t	台时	1.9	1.8	1.6	1.5	1.4
电焊机 20~30kVA	台时	18	18	18	18	19
载重汽车 5t	台时	0.4	0.4	0.3	0.3	0.3
X光探伤机 TX-2505	台时	0.9	0.8	0.7	0.7	0.7
其他机械费	%	15	15	15	15	15
定额编号		13178	13179	13180	13181	13182

十三－3　钢管运输

单位:t

项　目	单位	工地运输		现场运输		倒运（每次）
		基运 1km	增运 1km	基运 200m	增运 50m	
工　长	工时	0.1	0.1	0.4	0.1	0.2
高 级 工	工时	0.5	0.1	2.1	0.3	0.9
中 级 工	工时	0.7	0.2	3.8	0.5	1.6
初 级 工	工时	0.5	0.2	2.1	0.3	0.9
合　计	工时	1.8	0.6	8.4	1.2	3.6
汽车起重机 10t	台时	0.3				0.2
卷 扬 机 5t	台时			2.1	0.2	0.6
载 重 汽 车 20t	台时	0.3	0.1			
门式起重机 10t	台时			0.3		
定 额 编 号		13183	13184	13185	13186	13187

第十四章

设备工地运输

说　　明

一、本章适用于水利工程机电设备及金属结构设备自工地设备库(或堆放场)至安装现场的运输。

二、本章运输系机械运输的综合定额，在使用时不论采取哪种运输设备均不作调整。

三、工作内容,包括准备、设备绑扎、库内拖运、装车、固定、运输、卸车及空回等。

十四　设备工地运输

单位：t

项　　目	单位	≤5t		≤10t	
		运 1km	增 1km	运 1km	增 1km
工　　长	工时	0.1	0.1	0.1	0.1
高 级 工	工时	0.5	0.1	0.5	0.1
中 级 工	工时	0.7	0.2	0.7	0.2
初 级 工	工时	0.5	0.2	0.5	0.2
合　　计	工时	1.8	0.6	1.8	0.6
零星材料费	%	6		6	
汽车起重机 5t	台时	0.4			
汽车起重机 10t	台时			0.3	
载重汽车 5t	台时	0.4	0.1		
载重汽车 10t	台时			0.3	0.1
定额编号		14001	14002	14003	14004

续表

项目	单位	≤20t		≤30t	
		运 1km	增 1km	运 1km	增 1km
工长	工时	0.1	0.1	0.1	0.1
高级工	工时	0.5	0.1	0.5	0.1
中级工	工时	0.7	0.2	0.7	0.2
初级工	工时	0.5	0.2	0.5	0.2
合计	工时	1.8	0.6	1.8	0.6
零星材料费	%	5		5	
汽车起重机 20t	台时	0.2			
汽车起重机 30t	台时			0.2	
平板挂车 20t	台时	0.2	0.1		
汽车拖车头 20t	台时	0.2	0.1		
平板挂车 30t	台时			0.2	0.1
汽车拖车头 30t	台时			0.2	0.1
定额编号		14005	14006	14007	14008

续表

项　　目	单位	≤50t		>50t	
		运 1km	增 1km	运 1km	增 1km
工　　长	工时	0.1	0.1	0.1	0.1
高 级 工	工时	0.5	0.1	0.5	0.1
中 级 工	工时	0.7	0.2	0.7	0.2
初 级 工	工时	0.5	0.2	0.5	0.2
合　　计	工时	1.8	0.6	1.8	0.6
零星材料费	%	4		4	
汽车起重机 50t	台时	0.2			
汽车起重机 70t	台时			0.2	
平 板 挂 车 60t	台时	0.2	0.1		
汽车拖车头 60t	台时	0.2	0.1		
平 板 挂 车 100t	台时			0.2	0.1
汽车拖车头 100t	台时			0.2	0.1
定 额 编 号		14009	14010	14011	14012

附　录

附录一

消弧线圈型号、规格、重量对照表

单位:台

型号及规格	容量(kVA)	电压(kV)	电流(A)	重量(kg)		
				器身	油重	总重
XDJ_0 600/10	600	10	50~100	800	410	1450
XDJ_1 300/10	300	10	25~50	550	450	1160
XDJ_1 150/10	150	10	12.5~25	300	210	610
XDJ_1 120/10	120	10	10~20	300	210	610
XDJ_1 75/10	75	10	6.25~12.5	300	210	610
XDJ_1 60/10	60	10	5~10	300	210	610
XDJ_1 350/6	350	6	50~100	550	450	1160
XDJ_1 175/6	175	6	25~50	300	210	610
XDJ_1 87.5/6	87.5	6	12.5~25	300	210	610
XDJ_1 55/6	55	6	7.5~15	300	210	610
XDJ_1 120/15	120	15.75	6.25~12.5	300	210	610
XDJ_1 100/15	100	15.75	4~10	300	210	610
XDJ_1 80/13.8	80	13.8	4~10	300	210	610
XDJ_1 60/15	60	15.75		300	210	610

附录二

铅酸蓄电池充电用电量(kWh)

单位:组

电压(V) \ 容量(Ah)	200	216	300	360	400	500	504	600	640
24	56	60	83	110	111	139	140	167	180
48	112	120	180	200	220	278	280	334	360
110	253	273	410	455	500	633	638	759	820
220	506	546	760	910	1000	1266	1276	1518	1640

续表

电压(V) \ 容量(Ah)	720	800	864	1000	1008	1152	1200	1296
24	200	222	240	278	280	320	333	360
48	400	444	480	556	560	640	666	720
110	911	1012	1093	1265	1276	1458	1518	1640
220	1822	2024	2186	2530	2552	2916	3036	3280

续表

电压(V) \ 容量(Ah)	1400	1440	1584	1600	1728	1800	1872	2000
24	389	400	440	444	480	500	520	556
48	778	800	880	888	960	1000	1040	1112
110	1771	1822	2004	2024	2186	2277	2369	2331
220	3542	3644	4008	4048	4372	4554	4738	5062

附录三

常用厂用变压器容量与重量对照表

单位:组

序号	型号	电压(kV)	容量(kVA)							
			30	50	63	80	100	125	160	180
			重量(kg及以内)							
1	S_9	6.1/0.4	340	455	505	550	590	790	930	
2	SC_8	10/0.4								
3	SCL_2	10/0.4					710		910	
4	SCL_2	10/6.3								
5	SCL_2	35/0.4								
6	SCL_2	35/6.3								
7	SL_7			500					1000	
8	S_7				500					
9	SZ_7								1000	
10	SG			500						1000
11	BS_7									

续表

序号	型号	电压(kV)	容量(kVA)							
			200	250	315	400	500	630	800	1000
			重量(kg及以内)							
1	S_9	6.1/0.4	958	1245	1390	1645	1890	2825	3215	3945
2	SC_8	10/0.4	1100	1250	1330	1800	2100	2600	2800	3100
3	SCL_2	10/0.4	920	1160	1360	1550	1900	2080	2300	2730
4	SCL_2	10/6.3								
5	SCL_2	35/0.4								3500
6	SCL_2	35/6.3								
7	SL_7					2000		3000		
8	S_7		1000				2000		3000	
9	SZ_7					2000		3000		
10	SG					2000		3000		
11	BS_7					2000		3000		

续表

序号	型号	电压(kV)	容量(kVA)							
			1250	1600	2000	2500	3150	4000	5000	6300
			重量(kg及以内)							
1	S_9	6.1/0.4	4650	5205						
2	SC_8	10/0.4	3500	4600	5000	5915				
3	SCL_2	10/0.4	3390	4220	5140	6300				
4	SCL_2	10/6.3					7500	8700	10000	
5	SCL_2	35/0.4								
6	SCL_2	35/6.3				7000				
7	SL_7		5000			7000		9000		13000
8	S_7			5000		7000		9000		13000
9	SZ_7		5000							
10	SG									
11	BS_7		5000		7000					

注：S_9、SL_7、S_7 为三相油浸自冷式；SZ_7 为三相有载调压；SC_8、SCL_2、SG 为三相干式；BS_7 为三相全封闭式。

附录四

常用厂用变压器重量与油重对照表

单位：kg

序号	变压器重量(kg/台)	340	455	500	505	550	590	790	930	958	1000	1245	1390	1645
1	油　重	90	100		115	130	140	175	195	209		255	265	320
2	油　重			120							240			

续表

序号	变压器重量(kg/台)	1890	2000	2825	3000	3215	3945	4650	5000	5205	7000	9000	13000
1	油　重	360		605		680	870	980		1115			
2	油　重		400		700				1100		1400	2000	2640

注：表中序号"1"系指附录三内的"1"；"2"系指附录三内的"7～11"。

附录五　常用电力电缆重量查对表

1.聚氯乙烯绝缘电力电缆

附录五-1-1　型号、名称、敷设场合

型号		名称	敷设场合
铝芯	铜芯		
VLV	VV	聚氯乙烯绝缘聚氯乙烯护套电力电缆	可敷设在室内、隧道、电缆沟、管道、易燃及严重腐蚀地方,不能承受机械外力作用
VLY	VY	聚氯乙烯绝缘聚乙烯护套电力电缆	可敷设在室内、管道、电缆沟及严重腐蚀地方,不能承受机械外力作用
VLV_{22}	VV_{22}	聚氯乙烯绝缘钢带铠装聚氯乙烯护套电力电缆	可敷设在室内、隧道、电缆沟、地下、易燃及严重腐蚀地方,不能承受拉力作用
VLV_{23}	VV_{23}	聚氯乙烯绝缘钢带铠装聚乙烯护套电力电缆	可敷设在室内、电缆沟、地下及严重腐蚀地方,不能承受拉力作用
VLV_{32}	VV_{32}	聚氯乙烯绝缘细钢丝铠装聚氯乙烯护套电力电缆	可敷设在地下、竖井、水中、易燃及严重腐蚀地方,不能承受大拉力作用
VLV_{33}	VV_{33}	聚氯乙烯绝缘细钢丝铠装聚乙烯护套电力电缆	可敷设在地下、竖井、水中及严重腐蚀地方,不能承受大拉力作用
VLV_{42}	VV_{42}	聚氯乙烯绝缘粗钢丝铠装聚氯乙烯护套电力电缆	可敷设在地下、竖井、易燃及严重腐蚀地方,能承受大拉力作用
VLV_{43}	VV_{43}	聚氯乙烯绝缘粗钢丝铠装聚乙烯护套电力电缆	可敷设在地下、竖井及严重腐蚀地方,能承受大拉力作用

附录五-1-2　　0.6/1.0kV 单芯 PVC 绝缘及护套电力电缆外径及重量

芯数×截面 (mm^2)	导电线芯外径 (mm)	非铠装电缆			钢带铠装电缆		
		电缆近似外径 (mm)	电缆近似重量 (kg/km)		电缆近似外径 (mm)	电缆近似重量 (kg/km)	
			VV	VLV		VV_{22}	VLV_{22}
1×1.5	1.38	6.0	50				
1×2.5	1.76	6.4	62	47			
1×4	2.23	7.2	87	63			
1×6	2.73	7.7	110	76			
1×10	3.54	8.5	154	92	12.9	334	270
1×16	4.45	9.5	215	118	13.9	411	314
1×25	5.9	11.3	324	169	15.7	552	398
1×35	7.0	12.4	425	209	16.8	674	457
1×50	8.2	14.0	585	276	18.4	863	553
1×70	9.8	15.6	784	350	21.0	1133	700
1×95	11.5	17.7	1043	455	23.1	1435	847
1×120	13.0	20.2	1328	586	24.6	1708	965
1×150	14.6	22.2	1640	712	26.6	2056	1127
1×185	16.1	24.1	1998	853	28.5	2447	1302
1×240	18.3	26.7	2552	1066	31.2	3049	1564
1×300	20.5	29.3	3145	1298	34.5	3931	2074
1×400	23.8	33.0	4127	1651	39.2	5091	2651
1×500	26.6	37.2	5183	2088	42.4	6157	3062
1×630	29.9	40.5	6415	2516	45.7	7474	3575
1×800	33.9	44.5	8019	3067	49.7	9181	4229

附录五-1-3　0.6/1kV2芯PVC绝缘及护套电力电缆外径及重量

芯数×截面 (mm²)	导电线芯外径 (mm)	非铠装电缆			钢带铠装电缆		
		电缆近似外径 (mm)	电缆近似重量 (kg/km)		电缆近似外径 (mm)	电缆近似重量 (kg/km)	
			VV	VLV		VV_{22}	VLV_{22}
2×1.5	1.38	7.2×10.2	97				
2×2	1.76	7.6×10.9	122	92			
2×4	2.23	8.4×12.7	172	124	15.9	412	364
2×6	2.73	8.9×13.7	218	151	16.9	480	417
2×10	3.54	15.3	360	231	18.5	608	477
2×16	4.45	17.2	500	297	21.4	822	617
2×25	5.60	18.0	694	384	22.1	1008	697
2×35	6.80	19.6	903	468	22.8	1250	816
2×50	7.90	22.2	1236	615	25.4	1641	1020
2×70	9.40	24.4	1638	768	28.4	2288	1419

附录五-1-4　0.6/1kV3芯PVC绝缘及护套电力电缆外径及重量

芯数×截面 (mm²)	导电线芯外径 (mm)	非铠装电缆			钢带铠装电缆		
		电缆近似外径 (mm)	电缆近似重量 (kg/km)		电缆近似外径 (mm)	电缆近似重量 (kg/km)	
			VV	VLV		VV_{22}	VLV_{22}
3×1.5	1.38	10.6	144				
3×2.5	1.76	11.5	182	136			
3×4	2.23	13.3	260	187	16.5	476	404
3×6	2.73	14.4	332	230	17.6	566	468
3×10	3.54	16.2	472	282	20.4	776	584
3×16	4.45	18.1	665	368	22.3	1004	707
3×25	5.60	20.5	986	521	23.7	1308	842
3×35	6.80	22.5	1294	642	25.7	1647	995
3×50	7.90	25.9	1789	858	29.9	2316	1472
3×70	9.40	28.3	2382	1078	33.3	3106	1819
3×95	10.70	33.4	3243	1473	37.4	4019	2250
3×120	12.00	36.2	3982	1747	40.2	4825	2590
3×150	13.40	39.9	4921	2127	44.9	5946	3152
3×240	15.30	44.2	6053	2608	48.8	7135	3689
3×300	17.10	50.4	7838	3367	54.0	8941	4471
3×400	19.80	54.9	9646	4058	59.5	10979	5391

附录五-1-5　0.6/1kV3芯PVC绝缘及护套钢丝铠装电力电缆外径及重量

芯数×截面 (mm^2)	导电线芯外径 (mm)	非铠装电缆			钢带铠装电缆		
		电缆近似外径 (mm)	电缆近似重量 (kg/km)		电缆近似外径 (mm)	电缆近似重量 (kg/km)	
			VV_{32}	VLV_{32}		VV_{22}	VLV_{22}
3×25	4.70	26.1	1856	1309	30.3	2839	2373
3×35	5.60	28.3	2259	1987	32.5	3323	2676
3×50	6.80	31.9	3960	3003	36.1	4605	3048
3×70	7.90	35.8	4787	3517	39.0	5509	4239
3×95	9.40	39.2	5849	4122	42.4	6735	5008
3×120	10.70	43.6	5986	4805	46.8	7868	5706
3×150	12.00	49.2	8235	5513	51.2	9160	6467
3×185	13.40	53.7	9689	6311	55.6	10712	7334
3×240	15.30	59.7	11911	7561	61.4	13053	8704
3×300	17.10	64.4	15533	10143	66.3	18227	12837

附录五-1-6　0.6/1kV3+1芯PVC绝缘及护套电力电缆外径及重量

芯数×截面 (中线芯+中相芯) (mm^2)	非铠装电缆			钢带铠装电缆		
	电缆近似外径 (mm)	电缆近似重量 (kg/km)		电缆近似外径 (mm)	电缆近似重量 (kg/km)	
		VV	VLV		VV_{22}	VLV_{22}
3×4+1×1.5	14.0	287	199	17.2	514	427
3×6+1×4	15.1	375	249	18.3	620	489
3×10+1×6	17.0	532	306	21.2	851	623
3×16+1×10	19.1	722	391	23.2	1079	746
3×25+1×16	22.5	1178	614	25.7	1531	967
3×35+1×16	24.8	1495	745	28.0	1885	1135
3×50+1×25	28.9	2092	1005	32.9	2776	1690
3×70+1×35	31.5	2784	1262	36.5	3608	2087
3×95+1×50	37.6	3820	1740	41.6	4696	2616
3×120+1×70	40.2	4741	2071	44.2	5677	3007
3×150+1×70	44.3	6706	2477	48.3	6740	3512
3×185+1×95	49.1	7097	3061	53.7	8301	4265

附录五-1-7　0.6/1kV3+1芯PVC绝缘及护套钢丝铠装电力电缆外径及重量

芯数×截面 (mm^2)	细钢丝铠装电缆			粗钢丝铠装电缆		
	电缆近似外径 (mm)	电缆近似重量 (kg/km)		电缆近似外径 (mm)	电缆近似重量 (kg/km)	
		VV_{32}	VLV_{32}		VV_{42}	VLV_{42}
3×25+1×16	28.3	2020	1456	32.5	3188	2625
3×35+1×16	30.8	2430	1679	35.0	3699	2949
3×50+1×25	37.0	3050	1964	40.2	4648	3562
3×70+1×35	38.3	4220	2700	41.5	5641	4119
3×95+1×50	44.8	5460	3382	48.0	7069	4989
3×120+1×70	49.3	6990	4322	51.2	8328	5659
3×150+1×70	53.8	8180	4953	55.7	9657	6428
3×185+1×95	59.0	9910	5877	60.9	11427	7391

附录五-1-8　0.6/1kV4芯PVC绝缘及护套电力电缆外径及重量

芯数×截面 (mm^2)	导电线芯外径或扇形高度 (mm)	非铠装电缆			钢带铠装电缆		
		电缆近似外径 (mm)	电缆近似重量 (kg/km)		电缆近似外径 (mm)	电缆近似重量 (kg/km)	
			VV	VLV		VV_{22}	VLV_{22}
4×4	2.32	14.4	321	224	17.6	555	459
4×6	2.73	15.7	415	279	18.9	668	536
4×10	3.54	17.6	598	344	21.8	928	672
4×16	4.45	20.8	893	497	24.0	1219	823
4×25	5.30	23.8	1287	666	27.0	1661	1040
4×35	6.30	26.2	1695	826	29.5	2108	1238
4×50	7.50	30.1	2348	1106	34.1	3061	1820
4×70	8.90	34.5	3213	1475	38.5	4016	2277
4×95	10.60	39.6	4273	1914	43.6	5196	2873
4×120	11.80	42.5	5248	2268	52.1	6210	3259
4×150	13.30	47.5	6544	2819	56.7	7708	3983
4×185	14.80	53.1	8105	3511	62.1	9271	4676

附录五-1-9　0.6/1kV4 芯 PVC 绝缘及护套钢丝铠装电力电缆外径及重量

芯数×截面 (mm^2)	导电线芯外径或扇形高度 (mm)	细钢丝铠装电缆			粗钢丝铠装电缆		
		电缆近似外径 (mm)	电缆近似重量 (kg/km)		电缆近似外径 (mm)	电缆近似重量 (kg/km)	
			VV_{32}	VLV_{32}		VV_{42}	VLV_{42}
4×25	5.30	29.4	2270	1327	34.0	3145	2759
4×35	6.30	32.1	3261	2563	36.5	4070	3372
4×50	7.50	37.5	4225	3173	40.9	5054	3399
4×70	8.90	41.1	5162	3736	44.5	6072	4646
4×95	10.60	46.4	6700	4756	50.0	7744	5800
4×120	11.80	51.4	7561	5164	43.5	8695	6248
4×150	13.30	56.6	8952	5913	58.9	10296	7252
4×185	14.80	61.8	10505	6810	64.3	11820	8136

附录五-1-10　3.6/6kV 单芯 PVC 绝缘及护套电力电缆外径及重量

芯数×截面 (mm^2)	导电线芯外径 (mm)	非铠装电缆			钢带铠装电缆		
		电缆近似外径 (mm)	电缆近似重量 (kg/km)		电缆近似外径 (mm)	电缆近似重量 (kg/km)	
			VV	VLV		VV_{22}	VLV_{22}
1×10	3.54	14.2	331	267	19.0	627	562
1×16	4.45	16.2	441	342	19.9	721	621
1×25	5.90	17.6	558	403	21.4	862	706
1×35	7.00	18.7	678	461	22.5	1001	783
1×50	8.20	19.9	846	536	23.7	1189	879
1×70	9.80	21.5	1070	636	25.3	1440	1005
1×95	11.50	23.2	1342	752	27.0	1740	1150
1×120	13.0	24.7	1607	862	29.3	2233	1488
1×150	14.6	26.3	1921	989	30.9	2586	1654
1×185	16.1	27.8	2265	1127	33.4	3048	1900
1×240	18.3	30.0	2829	1339	35.6	3660	2170
1×300	20.5	33.2	3490	1627	37.8	4310	2448
1×400	23.8	36.5	4481	1998	41.1	5384	2900
1×500	26.6	39.3	5458	2354	43.9	6430	3325

附录五-1-11　3.6/6kV3 芯 PVC 绝缘及护套电力电缆外径及重量

芯数×截面 (mm^2)	导电线芯外径或扇形高度 (mm)	非铠装电缆			钢带铠装电缆		
		电缆近似外径 (mm)	电缆近似重量 (kg/km)		电缆近似外径 (mm)	电缆近似重量 (kg/km)	
			VV	VLV		VV_{22}	VLV_{22}
3×10	3.54	27.2	1000	809	31.8	1684	1490
3×16	4.45	29.2	1244	944	34.8	2049	1748
3×25	4.70	29.7	1569	1103	35.3	2306	1840
3×35	5.60	32.7	1987	1335	37.3	2707	2055
3×50	6.80	35.3	2498	1567	39.9	3282	2351
3×70	7.90	37.7	3149	1845	42.3	3990	2687
3×95	9.40	40.9	3952	2183	46.5	4971	3202
3×120	10.7	44.7	4832	2597	49.3	5832	3597
3×150	12.0	47.5	5762	2968	52.4	6831	4037
3×185	13.4	50.5	6834	3388	56.1	8096	4650
3×240	15.3	55.6	8611	4141	60.2	9864	5394
3×300	17.1	59.5	10381	4793	64.1	11729	6142

附录五-1-12　3.6/6kV3 芯 PVC 绝缘及护套钢丝铠装电力电缆外径及重量

芯数×截面 (mm^2)	导电线芯外径或扇形高度 (mm)	细钢丝铠装电缆			粗钢丝铠装电缆		
		电缆近似外径 (mm)	电缆近似重量 (kg/km)		电缆近似外径 (mm)	电缆近似重量 (kg/km)	
			VV_{32}	VLV_{32}		VV_{42}	VLV_{42}
3×16	4.45	36.6	2647	2345	40.6	3983	3679
3×25	4.70	37.1	2913	2448	41.1	4270	3805
3×35	5.60	39.1	3351	2699	43.1	4788	4131
3×50	6.80	42.9	4369	3438	46.9	5638	4706
3×70	7.90	46.5	5272	3969	49.5	6522	5218
3×95	9.40	49.7	6257	4487	52.7	7600	5830
3×120	10.7	52.7	7230	4995	56.7	8780	6545
3×150	12.0	56.7	8465	5671	59.7	9988	7194
3×185	13.4	59.9	9742	6296	62.9	11358	7912
3×240	15.3	65.5	12414	7944	68.2	13556	9086
3×300	17.1	70.6	14639	9051	72.3	15706	10119

2.交联聚乙烯绝缘电力电缆

附录五-2-1　型号、名称、敷设场合

型号		名称	敷设场合
铝芯	铜芯		
YJLV YJLY	YJV YJY	交联聚乙烯绝缘聚氯乙烯护套电力电缆 交联聚乙烯绝缘聚乙烯护套电力电缆	架空、室内、隧道、电缆沟及地下
$YJLV_{22}$ $YJLV_{23}$	YJV_{22} YJV_{23}	交联聚乙烯绝缘钢带铠装聚氯乙烯护套电力电缆 交联聚乙烯绝缘钢带铠装聚乙烯护套电力电缆	室内、隧道、电缆沟及地下
$YJLV_{32}$ $YJLV_{33}$	YJV_{32} YJV_{33}	交联聚乙烯绝缘细钢丝铠装聚氯乙烯护套电力电缆 交联聚乙烯绝缘细钢丝铠装聚乙烯护套电力电缆	高落差、竖井及水下
$YJLV_{42}$ $YJLV_{43}$	YJV_{42} YJV_{43}	交联聚乙烯绝缘粗钢丝铠装聚氯乙烯护套电力电缆 交联聚乙烯绝缘粗钢丝铠装聚乙烯护套电力电缆	需承受拉力的竖井及海底

附录五-2-2　3.6/6kV 交联聚乙烯绝缘单芯电力电缆外径及重量

截面	单芯								
(mm^2)	外径 (mm)	重量(kg/km)		外径 (mm)	重量(kg/km)		外径 (mm)	重量(kg/km)	
		YJV YJY	YJLV YJLY		YJV_{32} YJV_{33}	$YJLV_{32}$ $YJLV_{33}$		YJV_{42} YJV_{43}	$YJLV_{42}$ $YJLV_{43}$
25	18.6	576	421	24.8	1397	1242	29.6	2617	2462
35	19.7	695	479	25.9	1574	1357	30.9	2837	2621
50	21.2	850	550	27.2	1785	1475	32.2	3118	2809
70	22.6	1081	648	28.6	2045	1613	33.8	3440	3007
95	24.4	1350	762	30.4	2624	2036	35.4	3878	3290
120	25.8	1640	897	31.8	2984	2241	37.0	4290	3547
150	27.4	1847	1019	33.4	3447	2518	38.4	4876	3947
185	28.9	2302	1152	35.7	3910	2765	40.1	5370	4224
240	31.5	2886	1400	38.3	4960	3474	42.7	6144	4658
300	34.2		1626	41.0		3832	45.4		5103
400	37.8		2001	44.6		4364	49.0		5692
500	41.0		2357	49.2		4892	52.4		6329

附录五-2-3　3.6/6kV 交联聚乙烯绝缘三芯电力电缆外径及重量

截 面	三芯											
	外径	重量(kg/km)		外径	重量(kg/km)		外径	重量(kg/km)		外径	重量(kg/km)	
(mm²)	(mm)	YJV YJY	YJLV YJLY	(mm)	YJV$_{22}$ YJV$_{23}$	YJLV$_{22}$ YJLV$_{23}$	(mm)	YJV$_{32}$ YJV$_{33}$	YJLV$_{32}$ YJLV$_{33}$	(mm)	YJV$_{42}$ YJV$_{43}$	YJLV$_{42}$ YJLV$_{43}$
25	38.8	1895	1430	43.4	2945	2480	45.6	4246	3781	49.8	5559	5094
35	41.4	2293	1640	46.2	3390	2739	49.4	4770	4119	52.6	6158	5507
50	44.4	2812	1881	49.2	4065	3135	52.4	6194	5263	55.6	7042	6111
70	47.6	3508	2205	52.6	4816	3513	55.8	7092	5790	59.0	7961	6659
95	51.2	4402	2635	56.2	5897	4129	60.9	8263	6495	62.8	9282	7514
120	54.5	5319	3087	59.9	6844	4611	64.4	6422	7190	66.3	10448	8215
150	57.7	6309	3518	63.3	7973	5182	67.8	10667	7876	69.7	11777	8985
185	61.1	7319	3877	66.7	9281	5838	71.2	12113	8671	73.1	14668	11226
240	66.7	9218	4753	72.5	11229	6763	77.0	14361	9895	78.9	17079	12614
300	72.5		5577	78.5		8524	83.0			84.9		13946

附录五-2-4　6/6,6/10kV 交联聚乙烯绝缘单芯电力电缆外径及重量

截 面	单芯								
	外径	重量(kg/km)		外径	重量(kg/km)		外径	重量(kg/km)	
(mm²)	(mm)	YJV YJY	YJLV YJLY	(mm)	YJV$_{32}$ YJV$_{33}$	YJLV$_{32}$ YJLV$_{33}$	(mm)	YJV$_{42}$ YJV$_{43}$	YJLV$_{42}$ YJLV$_{43}$
25	20.4	590	435	26.6	1437	1283	31.6	2678	2523
35	21.7	710	493	27.7	1604	1387	32.7	2900	2683
50	23.0	884	575	29.0	1828	1517	34.2	3167	2858
70	24.6	1097	664	30.6	2091	1657	35.6	3505	3072
95	26.2	1378	790	32.2	2674	2085	37.4	3961	3373
120	27.8	1658	916	33.8	3051	2308	38.8	4376	3633
150	29.2	1967	1038	36.2	3517	2589	40.4	4948	4019
185	30.9	2322	1177	37.7	3967	2822	41.9	5443	4298
240	33.3	2908	1423	40.1	5023	3528	44.3	6220	4734
300	35.4		1650	42.4		3917	46.6		5202
400	38.6		2027	46.8		4453	50.0		5773
500	41.4		2384	49.6		4985	52.8		6414

附录五-2-5　6/6,6/10kV 交联聚乙烯绝缘三芯电力电缆外径及重量

截面	三芯											
	外径	重量(kg/km)		外径	重量(kg/km)		外径	重量(kg/km)		外径	重量(kg/km)	
(mm^2)	(mm)	YJV YJY	YJLV YJLY	(mm)	YJV_{22} YJV_{23}	$YJLV_{22}$ $YJLV_{23}$	(mm)	YJV_{32} YJV_{33}	$YJLV_{32}$ $YJLV_{33}$	(mm)	YJV_{42} YJV_{43}	$YJLV_{42}$ $YJLV_{43}$
25	42.9	1937	1472	47.9	3010	2544	51.1	4337	3872	54.3	5697	5232
35	45.4	2337	1686	50.4	3498	2947	53.6	4863	4212	56.8	6299	5648
50	48.4	2896	1967	53.6	4135	3205	56.8	6302	5371	60.0	7164	6233
70	51.7	3578	2275	57.1	4958	3655	61.6	7177	5875	63.5	8085	6783
95	55.3	4478	2710	60.7	5974	4206	65.2	8431	6663	67.1	9438	7670
120	58.6	5396	3163	64.2	6969	4736	68.9	9559	7326	70.6	10627	8395
150	61.8	6387	3596	67.4	8161	5370	72.1	10837	8046	73.8	11961	9170
185	65.2	7507	4063	71.0	9417	5975	75.7	12256	8314	77.4	14842	11400
240	70.4	9364	4893	76.4	11340	6874	81.1			82.8	17331	12865
300	75.3		5681	81.5			86.0			87.9		14149

附录五-2-6　8.7/10kV 交联聚乙烯绝缘单芯电力电缆外径及重量

截面	单芯								
	外径	重量(kg/km)		外径	重量(kg/km)		外径	重量(kg/km)	
(mm^2)	(mm)	YJV YJY	YJLV YJLY	(mm)	YJV_{32} YJV_{33}	$YJLV_{32}$ $YJLV_{33}$	(mm)	YJV_{42} YJV_{43}	$YJLV_{42}$ $YJLV_{43}$
25	22.8	680	525	28.8	1616	1461	34.0	2961	2806
35	24.1	804	587	30.1	1786	1570	35.1	3187	2970
50	25.4	984	674	31.4	2015	1706	36.6	3459	3143
70	27.1	1201	768	32.8	2515	2082	38.0	3819	3385
95	28.6	1490	902	35.4	2906	2318	39.8	4250	3662
120	30.2	1765	1022	37.0	3260	2518	41.2	4670	3927
150	31.6	2091	1162	38.4	3735	2806	42.8	5251	4323
185	33.3	2452	1307	40.1	4582	3437	44.3	5751	4606
240	35.5	3034	1548	42.5	5395	3810	46.7	6577	5091
300	37.8		1818	44.6		4178	49.0		5527
400	41.0		2170	49.2		4728	52.4		6152
500	43.8		2556	52.0		5900	55.2		6782

附录五-2-7　8.7/10kV 交联聚乙烯绝缘三芯电力电缆外径及重量

截　面	三　　芯											
	外径	重量(kg/km)		外径	重量(kg/km)		外径	重量(kg/km)		外径	重量(kg/km)	
(mm^2)	(mm)	YJV YJY	YJLV YJLY	(mm)	YJV$_{22}$ YJV$_{23}$	YJLV$_{22}$ YJLV$_{23}$	(mm)	YJV$_{32}$ YJV$_{33}$	YJLV$_{32}$ YJLV$_{33}$	(mm)	YJV$_{42}$ YJV$_{43}$	YJLV$_{42}$ YJLV$_{43}$
25	48.0	2320	1854	53.0	3500	3035	56.2	5638	5167	59.6	6482	6017
35	50.6	2757	2105	55.6	3980	3329	60.3	6226	5575	62.0	7117	6466
50	53.6	3290	2359	58.8	4679	3748	63.5	7007	6077	65.2	7948	7017
70	56.8	3947	2710	62.0	5410	4107	66.7	7917	6612	68.4	8874	7571
95	60.5	4959	3149	66.0	6567	4799	70.6	9178	7410	72.5	10263	8497
120	63.7	5836	3588	69.0	7541	5308	74.0	10339	8106	75.9	12808	10575
150	66.9	6906	4115	72.7	8674	5883	77.2	11648	8857	79.1	14237	11446
185	70.4	8062	4620	76.4	9991	6549	81.1			82.8	15862	12416
240	75.5	9841	5375	81.7	12887	8421	86.2			88.1	18362	13806
300	80.3		6218	88.1		9392	91.4			93.3		15207

附录五-2-8　12/20kV 交联聚乙烯绝缘单芯电力电缆外径及重量

截　面	单　　芯								
	外径	重量(kg/km)		外径	重量(kg/km)		外径	重量(kg/km)	
(mm^2)	(mm)	YJV YJY	YJLV YJLY	(mm)	YJV$_{32}$ YJV$_{33}$	YJLV$_{32}$ YJLV$_{33}$	(mm)	YJV$_{42}$ YJV$_{43}$	YJLV$_{42}$ YJLV$_{43}$
35	26.1	979	762	32.1	2335	2118	37.3	2767	3457
50	27.6	1155	846	33.6	2598	2288	38.6	3953	3643
70	29.0	1393	959	35.8	2884	2450	40.2	4289	3856
95	30.8	1681	1093	37.6	3256	2668	41.8	4749	4161
120	32.2	1979	1236	39.0	3620	2877	43.4	5179	4436
150	33.8	2301	1373	40.6	4518	3589	44.8	5757	4829
185	35.3	2718	1573	42.3	4981	3836	46.5	6288	5153
240	37.7	3302	1817	44.5	5728	4243	48.9	7110	5624
300	40.0		2084	48.0		4646	51.2	7953	6096
400	43.2		2455	51.2		5827	54.6	9192	6716
500	46.0		2861	54.2		6448	57.6	10509	7414

附录五-2-9　12/20kV 交联聚乙烯绝缘三芯电力电缆外径及重量

截　面	三　芯											
	外径	重量(kg/km)		外径	重量(kg/km)		外径	重量(kg/km)		外径	重量(kg/km)	
(mm^2)	(mm)	YJV YJY	YJLV YJLY	(mm)	YJV_{22} YJV_{23}	$YJLV_{22}$ $YJLV_{23}$	(mm)	YJV_{32} YJV_{33}	$YJLV_{32}$ $YJLV_{33}$	(mm)	YJV_{42} YJV_{43}	$YJLV_{42}$ $YJLV_{43}$
35	55.1	3348	2696	60.5	4840	4169	65.0	7403	6702	66.9	8423	7771
50	58.1	3974	2973	63.7	5463	4532	68.2	8139	7208	70.1	9200	8270
70	61.3	4623	3321	66.9	6346	5044	71.4	9133	7831	73.3	11626	10323
95	65.0	5593	3825	70.8	7457	5689	75.5			77.2	13054	11286
120	68.2	6495	4262	74.2	8459	6227	78.9			80.6	14347	12114
150	71.4	7637	4846	77.4	10555	7764	82.1			83.8	15883	13092
185	75.1	8803	5361	81.3	11925	8483	85.8			87.7	17533	14092
240	78.0	10729	6263	87.8	13959	9494	91.1			92.8		
300	85.0		7141	92.8		10731	96.3			98.0		

附录五-2-10　18/20kV 交联聚乙烯绝缘单芯电力电缆外径及重量

截　面	单　芯											
	外径	重量(kg/km)		外径	重量(kg/km)		外径	重量(kg/km)	
(mm^2)	(mm)	YJV YJY	YJLV YJLY	(mm)	YJV_{32} YJV_{33}	$YJLV_{32}$ $YJLV_{33}$	(mm)	YJV_{42} YJV_{43}	$YJLV_{42}$ $YJLV_{43}$
35	31.5	1243	1026	38.3	2851	2634	42.2	4353	4136
50	32.8	1443	1133	39.8	3463	3135	44.0	4660	4350
70	34.4	1678	1245	41.2	3789	3356	45.6	5006	4573
95	36.2	2027	1439	43.0	4193	3505	47.2	5482	4894
120	37.6	2326	1583	44.4	4606	3863	48.8	5947	5204
150	39.2	2661	1732	47.2	5138	4210	50.4	6546	5617
185	40.7	3062	1917	48.9	5635	4490	52.1	7091	5946
240	43.1	3666	2180	51.1	7069	5583	54.3	7936	6450
300	45.4		2448	53.6		6013	56.8		6917
400	48.6		2858	58.3		6637	60.0		7586
500	51.2		3289	61.3		7259	63.0		8257

附录五-2-11　18/20kV 交联聚乙烯绝缘三芯电力电缆外径及重量

截面	三芯											
	外径	重量(kg/km)		外径	重量(kg/km)		外径	重量(kg/km)		外径	重量(kg/km)	
(mm²)	(mm)	YJV YJY	YJLV YJLY	(mm)	YJV_{22} YJV_{23}	$YJLV_{22}$ $YJLV_{23}$	(mm)	YJV_{32} YJV_{33}	$YJLV_{32}$ $YJLV_{33}$	(mm)	YJV_{42} YJV_{43}	$YJLV_{42}$ $YJLV_{43}$
35	66.7	4328	3676	72.5	6142	5491	77.0	9263	8617	78.9	11921	11270
50	69.7	4913	3983	75.7	6828	5897	80.2	10031	9101	82.1	12781	11851
70	72.9	5683	4381	79.1	8517	7214	83.6			85.5	13849	12574
95	76.6	6787	5019	82.8	9788	8021	87.5			89.2	15498	13731
120	79.8	7752	5519	87.6	10930	8697	90.9			92.6	16856	15448
150	83.0	8789	5997	90.8	12129	9338	94.1			95.8	20187	16745
185	86.5	10194	6752	94.5	13780	10338	97.8			99.7		
240	91.6	12101	7636	99.8	15988	11522	103.1			104.8		
300	96.6		8635	104.8	17232					110.0		

附录五-2-12　21/35kV 交联聚乙烯绝缘单芯电力电缆外径及重量

截面	单芯								
	外径	重量(kg/km)		外径	重量(kg/km)		外径	重量(kg/km)	
(mm²)	(mm)	YJV YJY	YJLV YJLY	(mm)	YJV_{32} YJV_{33}	$YJLV_{32}$ $YJLV_{33}$	(mm)	YJV_{42} YJV_{43}	$YJLV_{42}$ $YJLV_{43}$
50	35.6	1609	1300	42.6	3779	3469	46.8	5053	4744
70	37.2	1850	1417	44.0	4112	3679	48.4	5405	4972
95	38.8	2193	1605	47.0	4523	3935	50.2	5890	5302
120	40.4	2498	1756	48.6	4944	4202	51.8	6340	5597
150	41.8	2839	1910	50.0	5510	4581	53.2	6973	6044
185	43.5	3248	2102	51.7	6634	5489	54.9	7526	6381
240	45.9	3881	2395	54.1	7447	5961	57.3	8407	6922
300	48.0		2672	57.9		6451	59.6		7400

附录五-2-13　　26/35kV 交联聚乙烯绝缘单芯电力电缆外径及重量

截面 (mm^2)	单芯								
	外径 (mm)	重量(kg/km)		外径 (mm)	重量(kg/km)		外径 (mm)	重量(kg/km)	
		YJV YJY	YJLV YJLY		YJV_{32} YJV_{33}	$YJLV_{32}$ $YJLV_{33}$		YJV_{42} YJV_{43}	$YJLV_{42}$ $YJLV_{43}$
50	38.2	1758	1449	46.2	4083	3773	49.4	5429	5119
70	39.8	2038	1604	47.8	4422	3989	51.0	5786	5352
95	41.4	2355	1767	49.6	4840	4252	52.8	6261	5672
120	43.0	2666	1923	51.0	5269	4526	54.2	6735	5992
185	46.1	3427	2283	54.5	7007	5861	57.7	7965	6820
240	48.5	4070	2584	58.2	7856	6371	59.9	8806	7321
300	50.6		2891	60.7		6819	62.4		7807

附录六

66/500kV 高压交联聚乙烯绝缘电力电缆截面及重量查对表

额定电压	线芯标称截面	线芯外径	内屏蔽厚度	绝缘厚度	外屏蔽厚度	疏绕铜丝屏蔽截面	外护套厚度	电缆外径	电缆重量(近似值)(kg/km)	
kV	mm^2	mm	mm	mm	mm	mm^2	mm	mm	Cu	Al
66	95	11.6	1.0	13.0	1.0	35	2.6	50.8	3054	2141
	120	13.0	1.0	13.0	1.0	35	2.6	52.3	3366	2298
	150	14.6	1.0	13.0	1.0	35	2.7	54.0	3736	2483
	185	16.2	1.0	13.0	1.0	35	2.8	55.7	4151	2681
	240	18.5	1.0	12.0	1.0	35	2.8	56.0	4611	2800
	300	20.8	1.0	12.0	1.0	35	2.8	58.5	5288	3106
	400	23.6	1.0	12.0	1.0	35	2.9	61.5	6355	3554
	500	26.9	1.0	12.0	1.0	35	3.1	65.6	7505	4085
	630	30.3	1.0	12.0	1.0	35	3.2	69.2	8886	4661
	800	34.4	1.0	12.0	1.0	35	3.3	73.5	10667	5390
110	240	18.5	1.0	19.0	1.0	95	3.3	71.0	6821	4453
	300	20.8	1.0	18.5	1.0	95	3.3	72.4	7439	4700
	400	23.6	1.0	17.5	1.0	95	3.3	73.3	8333	4975
	500	26.9	1.0	17.5	1.0	95	3.5	77.3	9555	5578
	630	30.3	1.0	16.5	1.0	95	3.5	78.8	10747	5965
	800	34.4	1.0	16.0	1.0	95	3.8	82.4	12459	6625
	1000							91.0	19500	12900
	1200							94.0	21600	14100
	1600							103	26700	16200
220	400							86.6		11100
	630							96.0		13500
	800							100	19700	14700
	1000							106	22700	16300
	1200							109	24800	17200
	1600							118	31100	20000
330	1000								22100	
	1600								37600	
500	800							120	16700	11700
	1000							122	18700	12300
	1200							126	20900	13400

注:1.330kV1000mm² 为充油电力电缆(龙羊峡);

2.330kV1600mm² 为低密度干式电力电缆(李家峡);

3.500kV 为低密度聚乙烯电力电缆。

附录七

控制电缆截面面积与重量查对表

1.聚氯乙烯绝缘聚氯乙烯护套电缆

附录七-1-1　型号、名称、使用范围

型号	名　　称	使　用　范　围
KVV	铜芯聚氯乙烯绝缘聚氯乙烯护套控制电缆	敷设在室内、电缆沟、管道固定场合
KVVP	铜芯聚氯乙烯绝缘聚氯乙烯护套编织屏蔽控制电缆	敷设在室内、电缆沟、管道等要求屏蔽的固定场合
$KVVP_2$	铜芯聚氯乙烯绝缘聚氯乙烯护套铜带屏蔽控制电缆	敷设在室内、电缆沟、管道等要求屏蔽的固定场合
KVV_{22}	铜芯聚氯乙烯绝缘聚氯乙烯护套钢带铠装控制电缆	敷设在室内、电缆沟、管道、直埋等能承受较大机械外力等固定场合
KVV_{32}	铜芯聚氯乙烯绝缘聚氯乙烯护套细钢丝铠装控制电缆	敷设在室内、电缆沟、管道、竖井等能承受较大机械拉力等固定场合
KVVR	铜芯聚氯乙烯绝缘聚氯乙烯护套控制软电缆	敷设在室内要求移动柔软等场合
KVVRP	铜芯聚氯乙烯绝缘聚氯乙烯护套编织屏蔽控制软电缆	敷设在室内要求移动柔软、屏蔽等场合

附录七-1-2　常用规格的电缆计算外径及重量

芯数×标称截面（mm^2）	电缆计算外径（mm）							电缆计算重量（kg/km）						
	KVV	KVVP	$KVVP_2$	KVV_{22}	KVV_{32}	KVVR	KVVRP	KVV	KVVP	$KVVP_2$	KVV_{22}	KVV_{32}	KVVR	KVVRP
2×0.75	8.10	9.30						72.95	114.04					
2×1.0	8.46	9.66						81.88	124.70					
2×1.5	9.44	10.64						109.77	157.22					
2×2.5	10.84	11.94						154.89	201.49					
2×4	11.86	13.90						187.31	346.23					
2×6	13.00	15.06						241.39	351.27					
2×10	16.40	17.80						391.38	502.60					
3×0.75	8.47	9.67						87.00	130.00					
3×1.0	8.86	10.06						98.74	143.60					
3×1.5	9.92	11.12						127.36	177.63					
3×2.5	11.43	12.63						181.38	238.68					
3×4	12.52	14.58						234.90	347.80					

续表

芯数×标称截面（mm^2）	电缆计算外径 （mm）							电缆计算重量 （kg/km）						
	KVV	KVVP	$KVVP_2$	KVV_{22}	KVV_{32}	KVVR	KVVRP	KVV	KVVP	$KVVP_2$	KVV_{22}	KVV_{32}	KVVR	KVVRP
3×6	14.41	15.81						329.85	470.60					
3×10	17.36	18.76						511.84	632.63					
4×0.5						8.70	9.90						96.24	141.70
4×0.75	9.11	10.31	9.22			9.32	10.52	104.26	153.60	141.60			114.60	164.79
4×1.0	9.54	10.74	9.60			9.66	10.68	119.45	168.72	156.72			123.87	179.63
4×1.5	10.72	11.92	10.74			10.99	12.19	156.25	203.93	192.13			158.36	210.86
4×2.5	12.41	14.47	12.90			12.56	14.02	226.17	330.80	276.43			228.78	336.80
4×4	14.30	15.70	14.03	16.58	19.68			315.95	436.30	367.50	505.48	856.32		
4×6	15.68	17.08	15.26	17.81	20.01			413.79	530.79	467.40	619.78	995.18		
4×10	18.99	20.88	19.88	22.42	25.89			644.20	768.30	728.57	947.41	1584.50		
5×0.5						9.34	10.54						108.70	164.78
5×0.75	9.8	11.00	9.96			10.04	11.24	119.76	162.34	152.70			122.66	174.98

续表

芯数×标称截面(mm^2)	电缆计算外径 (mm)							电缆计算重量 (kg/km)						
	KVV	KVVP	$KVVP_2$	KVV_{22}	KVV_{32}	KVVR	KVVRP	KVV	KVVP	$KVVP_2$	KVV_{22}	KVV_{32}	KVVR	KVVRP
5×1.0	10.29	11.49	10.31			10.42	11.62	142.67	193.87	174.91			148.69	208.70
5×1.5	11.61	12.81	12.23			11.91	12.11	190.04	248.63	226.43			200.60	267.60
5×2.5	14.16	15.56	13.91			14.32	15.72	290.02	390.63	325.73			296.00	399.72
5×4	15.54	16.94	15.18	17.63	20.83			383.45	501.90	427.50	586.30	962.21		
5×6	17.08	18.48	16.55	19.54	23.1			505.75	626.80	567.60	737.54	1130.02		
5×10	21.82	22.61	22.27	24.18	27.68			830.34	986.90	924.65	1125.59	1724.57		
7×0.5						10.02	11.22						118.90	164.90
7×0.75	10.51	11.73	10.56	13.77		10.30	12.00	146.19	202.80	178.40	317.42		149.86	218.90
7×1.0	11.07	12.27	11.04	14.25		11.22	12.42	169.37	216.90	209.80	354.53		172.48	224.40
7×1.5	12.54	14.40	13.11	15.66	17.66	12.87	14.73	225.52	330.63	289.60	425.00	712.21	233.43	338.97
7×2.5	15.30	16.70	14.97	17.52	20.61	15.48	16.88	353.07	471.80	398.98	554.25	923.11	359.63	482.60
7×4	16.83	18.23	16.38	18.93	22.03			473.20	601.60	527.90	701.68	1108.25		

续表

芯数×标称截面（mm^2）	电缆计算外径 （mm）							电缆计算重量 （kg/km）						
	KVV	KVVP	$KVVP_2$	KVV_{22}	KVV_{32}	KVVR	KVVRP	KVV	KVVP	$KVVP_2$	KVV_{22}	KVV_{32}	KVVR	KVVRP
7×6	18.54	19.94	17.91	20.90	24.36			652.75	789.70	717.60	900.55	1484.27		
7×10	23.69	24.49	24.14	26.09	29.55			1082.04	1216.40	1145.93	1397.36	2140.00		
8×0.5						10.54	11.74						126.70	174.60
8×0.75	11.09	12.29	11.75	14.30		11.38	12.58	166.09	217.80	206.70	344.01		174.67	229.84
8×1.0	11.67	13.53	12.26	14.81		11.83	13.69	193.51	243.86	230.63	378.34		196.98	254.64
8×1.5	13.91	15.31	13.78	16.33	19.43	14.27	15.67	277.69	387.60	312.73	467.31	814.74	285.87	393.64
8×2.5	16.17	17.57	15.78	18.33	21.43	16.37	17.77	405.73	524.80	486.70	614.93	1002.08	412.83	536.76
8×4	17.82	19.66	17.74	20.29	23.75			545.12	681.37	589.79	789.37	1354.84		
8×6	20.10	21.50	19.39	21.94	25.40			748.25	898.33	792.90	989.19	1680.63		
8×10	25.13	26.13	25.58	27.53	30.99			1210.54	1385.60	1236.90	1542.73	2332.20		
10×0.5						12.28	14.14						147.63	194.76
10×0.75	12.95	15.02	13.51	16.06		12.32	15.38	205.70	300.45	214.63			216.14	310.40

续表

芯数×标称截面（mm^2）	电缆计算外径 （mm）							电缆计算重量 （kg/km）						
	KVV	KVVP	$KVVP_2$	KVV_{22}	KVV_{32}	KVVR	KVVRP	KVV	KVVP	$KVVP_2$	KVV_{22}	KVV_{32}	KVVR	KVVRP
10×1.0	14.34	15.74	14.15	16.70		14.54	15.94	256.23	368.20	300.43	449.80		269.45	386.59
10×1.5	16.30	17.70	16.03	18.58	21.68	16.74	18.14	340.29	456.30	387.45	558.86	957.37	352.40	472.83
10×2.5	19.10	20.50	18.95	21.50	24.96	19.34	20.74	500.89	636.90	572.90	753.69	1362.57	516.40	647.87
10×4	22.18	22.98	21.43	23.38	26.84			721.68	863.70	787.98	956.51	1618.64		
10×6	24.46	25.46	23.47	25.42	28.88			956.11	1108.30	992.78	1203.32	1931.78		
10×10	29.94	30.94	30.39	33.00	37.90			1523.60	1648.70	1590.40		3160.90		
12×0.5						12.63	14.49						176.45	224.60
12×0.75	13.99	15.39	13.86	16.41		14.37	15.77	240.70	345.60	301.45			252.86	356.73
12×1.0	14.74	16.14	14.53	17.08		14.95	16.35	289.43	396.73	312.34	485.86		295.78	403.45
12×1.5	15.78	18.18	16.48	19.03	22.13	17.24	18.64	386.87	498.64	432.78	609.67	1018.54	394.96	512.46
12×2.5	19.69	21.53	19.50	22.05	25.51	20.54	21.78	572.52	703.60	654.60	829.44	1455.01	581.63	712.88
12×4	22.85	23.65	22.05	24.00	27.46			825.22	970.60	887.93	1061.91	1744.30		

续表

芯数×标称截面（mm^2）	电缆计算外径 （mm）							电缆计算重量 （kg/km）						
	KVV	KVVP	$KVVP_2$	KVV_{22}	KVV_{32}	KVVR	KVVRP	KVV	KVVP	$KVVP_2$	KVV_{22}	KVV_{32}	KVVR	KVVRP
12×6	25.22	26.22	24.17	26.12	29.58			1102.34	1176.40	1189.60	1356.71	2100.80		
14×0.5						13.22	15.28						198.76	246.71
14×0.75	14.63	16.03	14.45	17.00		15.02	16.42	285.63	396.70	312.73			296.98	408.23
14×1.0	15.42	16.82	15.16	17.71		15.64	17.04	321.80	443.70	398.72	530.02		333.63	457.64
14×1.5	17.58	18.98	17.24	20.23	23.69	18.07	19.74	432.29	550.60	492.73	684.80	1248.47	445.60	564.78
14×2.5	21.27	22.51	20.42	22.97	26.03	21.54	22.78	670.16	800.40	721.45	913.82	1563.59	683.64	814.71
14×4	23.96	24.76	23.09	25.04	28.50			929.26	1078.30	973.45	1171.90	1888.80		
14×6	26.48	27.48	25.34	27.29	30.75			1246.48	1300.60	1203.90	1508.77	2290.60		
16×0.5						14.52	15.92						246.70	291.84
16×0.75	15.32	16.72	15.11	17.66		15.76	17.14	312.40	423.63	400.90			323.67	441.90
16×1.0	16.17	17.57	15.87	18.42		16.40	17.80	359.80	469.40	430.52	576.52		373.78	478.40
16×1.5	18.47	19.87	18.07	21.06	24.52	18.99	20.39	485.73	596.73	489.73	745.82	1337.18	496.79	614.92

续表

芯数×标称截面（mm^2）	电缆计算外径（mm）							电缆计算重量（kg/km）						
	KVV	KVVP	$KVVP_2$	KVV_{22}	KVV_{32}	KVVR	KVVRP	KVV	KVVP	$KVVP_2$	KVV_{22}	KVV_{32}	KVVR	KVVRP
16×2.5	22.80	23.60	22.03	23.98	27.44	23.08	23.88	775.50	880.60	789.63	1005.30	1687.08	787.62	892.44
19×0.5						15.20	16.60						287.45	346.78
19×0.75	16.05	17.45	15.80	18.35	21.45	16.50	17.90	347.70	456.78	386.74		637.50	359.68	473.40
19×1.0	16.95	18.35	16.60	19.59	22.25	17.20	18.60	408.28	517.38	413.60	645.14	1039.20	421.60	529.60
19×1.5	19.40	21.24	19.39	21.94	25.40	20.55	21.79	533.63	674.89	612.30	824.36	1442.20	564.89	696.43
19×2.5	23.94	24.74	23.09	25.04	28.50	24.24	25.04	1053.94	916.73	831.71	1119.76	1834.57	898.97	1069.32
24×0.5						17.46	18.86						327.68	396.43
24×0.75	18.48	19.88	18.09	21.08	24.54	19.02	20.42	400.74	523.84	476.43		1021.50	414.96	536.79
24×1.0	19.56	21.40	19.49	22.04	25.50	19.86	21.70	510.24	624.54	580.60	776.60	1401.80	516.78	656.83
24×1.5	23.54	24.34	22.91	24.86	28.32	24.20	25.00	744.12	866.76	792.34	1001.49	1709.87	759.40	884.51
24×2.5	27.74	28.74	26.63	28.58	32.04	28.10	29.10	1110.76	1258.40	1179.63	1376.05	2199.52	1128.76	1279.49
27×0.5						17.81	19.21						359.60	489.60

续表

芯数×标称截面（mm^2）	电缆计算外径 （mm）							电缆计算重量 （kg/km）						
	KVV	KVVP	$KVVP_2$	KVV_{22}	KVV_{32}	KVVR	KVVRP	KVV	KVVP	$KVVP_2$	KVV_{22}	KVV_{32}	KVVR	KVVRP
27×0.75	18.85	20.25	18.88	21.43	24.89	19.41	20.81	476.80	600.34	503.40		1180.50	492.64	634.60
27×1.0	20.56	21.80	19.87	22.42	25.88	20.87	22.11	578.68	713.90	512.45	821.34	1458.14	596.49	737.37
27×1.5	24.02	24.82	23.36	25.31	28.77	24.65	25.49	807.21	957.40	886.75	1063.83	1788.95	824.73	983.76
27×2.5	28.32	29.32	27.18	29.13	32.59	28.69	29.69	1209.34	1359.40	1286.43	1480.54	2565.34	1378.40	
30×0.5						18.40	19.80						396.78	554.70
30×0.75	19.49	21.33	19.48	22.03	25.49	20.67	21.91	523.70	635.70	600.45		1240.50	539.45	658.41
30×1.0	21.68	22.48	20.51	23.06	26.52	22.00	22.80	651.32	786.90	725.60	883.60	1536.35	667.42	799.44
30×1.5	24.83	25.83	24.12	26.07	29.53	25.53	26.53	882.34	1093.40	891.43	1150.64	1893.2	897.41	1123.45
30×2.5	29.32	30.32	28.10	30.85	35.61	29.70	30.70	1327.09	1473.50	1384.40	1308.46	2851.49	1343.60	1496.40
37×0.5						19.72	21.56						470.60	594.32
37×0.75	21.95	22.75	21.42	23.37	26.83	22.58	23.38	600.79	704.83	588.45		1398.70	616.83	731.33
37×1.0	23.21	24.01	22.54	24.49	27.95	23.56	24.36	771.25	912.40	887.63	1013.75	1710.95	792.40	945.63

续表

芯数×标称截面（mm^2）	电缆计算外径 （mm）							电缆计算重量 （kg/km）						
	KVV	KVVP	$KVVP_2$	KVV_{22}	KVV_{32}	KVVR	KVVRP	KVV	KVVP	$KVVP_2$	KVV_{22}	KVV_{32}	KVVR	KVVRP
37×1.5	26.44	27.64	25.83	27.78	31.24	27.41	28.41	1050.85	1196.60	1105.60	1331.31	2127.94	1224.50	
37×2.5	31.54	33.20	30.83	33.58	37.68	31.96	33.63	1591.67	1741.70	1681.40	2139.03	3213.37	1612.80	1768.47
44×0.5						22.42	23.82						540.98	620.63
44×0.75	24.38	25.38	23.71	25.66	29.12	25.10	26.10	745.83	887.60	809.95		1576.40	764.63	908.73
44×1.0	25.82	27.02	24.99	26.94	30.40	26.22	27.22	915.81	1035.80	987.63	1184.22	1952.98	938.40	1076.90
44×1.5	29.74	30.74	28.75	32.16	36.26	30.62	31.60	1251.35	1394.80	1315.70	1817.02	2838.90	1274.60	1421.69
44×2.5	36.00	37.20	34.37	37.55	41.22	36.48	37.68	1950.81	2100.80	2018.40	2532.19	3699.66	1874.90	2128.67
48×0.5						23.37	24.17						598.70	686.94
48×0.75	24.76	25.76	24.06	26.01	29.47	25.49	26.49	832.60	927.40	887.98		1789.40	854.40	958.31
48×1.0	26.22	27.22	25.37	27.32	30.78	26.63	27.63	967.97	1097.80	1023.60	1236.28	2018.99	986.90	1118.40
48×1.5	30.22	31.22	29.20	32.61	36.71	31.12	32.12	1326.06	1487.60	1397.60	1890.52	2935.65	1352.60	1508.97

续表

芯数×标称截面（mm^2）	电缆计算外径 （mm）							电缆计算重量 （kg/km）						
	KVV	KVVP	$KVVP_2$	KVV_{22}	KVV_{32}	KVVR	KVVRP	KVV	KVVP	$KVVP_2$	KVV_{22}	KVV_{32}	KVVR	KVVRP
48×2.5	36.58	37.28	34.92	38.11	41.67	37.08	38.28	2070.87	2147.30	2097.40	2662.87	3843.20	2094.60	2178.40
52×0.5						23.96	24.76						634.67	632.30
52×0.75	25.39	26.39	24.66	26.61	30.07	26.14	27.14	898.45	1009.70	935.75		1920.30	912.45	1034.61
52×1.0	26.90	27.90	26.00	27.95	31.41	27.32	28.32	1035.24	1187.63	1113.40	1305.04	2109.39	1056.78	1214.90
52×1.5	31.02	32.68	30.62	33.37	36.37	31.95		1420.95	1578.98	1493.60	1997.35	3068.23	1449.80	
52×2.5	37.57	39.21	35.84	39.03	41.59	38.08		2157.01	2396.90	2298.75	2819.99	4032.11	2249.60	
61×0.5						25.28	26.28						689.72	812.44
61×0.75	26.81	27.81	26.00	27.95	31.41	27.62	28.62	967.60	1087.40	1025.60		2084.60	991.60	1109.60
61×1.0	28.43	29.43	27.44	29.39	32.85	28.88	29.84	1186.72	1316.80	1256.78	1470.46	2314.00	1209.70	1348.70
61×1.5	33.50	34.70	32.33	35.08	39.18	34.49		1680.42	1837.40	1745.60	2241.50	3366.54	1698.70	
61×2.5	40.24	41.44	37.91	41.10	43.66	40.78		2599.11	2749.80	2599.40	3175.45	4461.10	2612.30	

2.聚氯乙烯阻燃控制电缆

附录七-2-1　型号及使用条件

型　号	额定电压	名　称	使　用　条　件
ZRC－KVV	450/750V 0.6/1kV	聚氯乙烯绝缘聚氯乙烯护套阻燃控制电缆	固定敷设于室内、电缆沟、托架及管道中,或户外托架敷设。电缆导体长期允许工作温度不超过+70℃,电缆敷设温度不低于0℃,电缆弯曲半径不小于电缆外径的10倍
ZRA－KVV	450/750V 0.6/1kV	聚氯乙烯绝缘聚氯乙烯护套高阻燃控制电缆	同ZRC－KVV,用于要求阻燃较为苛刻的场所
ZRC－KVVP	450/750V 0.6/1kV	聚氯乙烯绝缘聚氯乙烯护套阻燃屏蔽控制电缆	同ZRC－KVV,用于防干扰场所,电缆弯曲半径不小于电缆外径的15倍
ZRA－KVVP①	450/750V 0.6/1kV	聚氯乙烯绝缘聚氯乙烯护套高阻燃屏蔽控制电缆	同ZRC－KVVP,用于要求阻燃较为苛刻的场所
ZRC－KVV_{22}	450/750V	聚氯乙烯绝缘聚氯乙烯护套钢带铠装阻燃控制电缆	同ZRC－KVV,用于能承受机械外力的场所
ZRA－KVV_{22}	450/750V	聚氯乙烯绝缘聚氯乙烯护套钢带铠装高阻燃控制电缆	同ZRC－KVV_{22},用于要求阻燃较为苛刻的场所
ZRC－KVV_{32}	450/750V	聚氯乙烯绝缘聚氯乙烯护套细钢丝铠装阻燃控制电缆	同ZRC－KVV,用于能承受机械拉力的场所
ZRA－KVV_{32}	450/750V	聚氯乙烯绝缘聚氯乙烯护套细钢丝铠装高阻燃控制电缆	同ZRC－KVV_{32},用于要求阻燃较为苛刻的场所

附录七-2-2 电缆参考外径及重量

ZRC－KVV			ZRA－KVV		0.6/1kV
标称截面	导体		电缆芯数	电缆计算外径	电缆近似重量
	结构	导体直径			
(mm^2)	(根数/mm)	(mm)		(mm)	(kg/km)
0.75	1/0.97	0.97	4	10.5	167
			5	11.2	193
			7	11.9	228
			10	14.3	311
			14	15.3	376
			19	16.7	451
			24	19.1	580
			30	20.0	674
			37	21.4	796
1	1/1.13	1.13	4	11.4	183
			5	12.2	215
			7	13.0	256
			10	15.8	352
			14	16.9	429
			19	18.5	548
			24	21.2	669
			30	22.3	783
			37	23.9	928
1.5	1/1.38	1.38	4	12.0	215
			5	12.9	252
			7	13.8	304
			10	16.8	418
			14	18.0	520
			19	19.7	658
			24	22.7	822
			30	23.9	968
			37	25.7	1153
2.5	1/1.78	1.78	4	12.9	267
			5	13.9	314
			7	14.9	390
			10	18.3	544
			14	19.7	686
			19	21.6	878
			24	25.0	1101
			30	26.4	1299
			37	28.6	1568
4	1/2.23	2.23	4	15.1	386
			5	16.3	454
			7	17.5	556
			10	21.8	786
			14	23.5	993

注:标称截面 6mm^2 见附录七-2-6 内①。

附录七-2-3　电缆参考外径及重量

ZRC－KVV			ZRA－KVV		0.6/1kV
标称截面	导体				
	结构	导体直径	电缆芯数	电缆计算外径	电缆近似重量
(mm²)	(根数/mm)	(mm)		(mm)	(kg/km)
0.75	7/0.37	1.11	4	11.4	176
			5	12.2	203
			7	13.0	244
			10	15.7	329
			14	16.8	397
			19	18.4	495
			24	21.1	624
			30	22.2	716
			37	23.8	848
1	7/0.44	1.32	4	11.9	193
			5	12.7	228
			7	13.6	275
			10	16.5	378
			14	17.7	463
			19	19.4	589
			24	22.4	725
			30	23.6	849
			37	25.3	898
1.5	7/0.53	1.59	4	12.5	228
			5	13.4	268
			7	14.4	325
			10	17.6	450
			14	18.9	558
			19	20.8	709
			24	24.0	885
			30	25.3	1044
			37	27.2	1246
2.5	7/0.67	2.01	4	13.5	292
			5	14.6	346
			7	15.7	428
			10	19.3	600
			14	20.8	756
			19	23.9	963
			24	26.5	1212
			30	28.0	1445
			37	30.3	1749
4	7/0.85	2.55	4	15.8	396
			5	17.1	478
			7	18.5	600
			10	23.0	854
			14	24.9	1067

注:标称截面 6mm² 见附录七-2-6 内②。

附录七-2-4　电缆参考外径及重量

ZRC－KVVP			ZRA－KVVP		0.6/1kV
标称截面	导体		电缆芯数	电缆计算外径	电缆近似重量
(mm²)	结构(根数/mm)	导体直径(mm)		(mm)	(kg/km)
0.75	1/0.97	0.97	4	10.9	197
			5	11.5	226
			7	12.2	265
			10	14.6	358
			14	15.6	433
			19	17.0	526
			24	19.4	649
			30	20.3	747
			37	21.7	875
1	1/1.13	1.13	4	11.7	215
			5	12.5	250
			7	13.3	295
			10	16.1	401
			14	17.2	477
			19	18.8	609
			24	21.5	740
			30	22.6	858
			37	24.2	1010
1.5	1/1.38	1.38	4	12.3	251
			5	13.2	287
			7	14.1	345
			10	17.1	469
			14	18.3	577
			19	20.0	723
			24	23.0	823
			30	24.2	1050
			37	26.0	1243
2.5	1/1.78	1.78	4	13.2	306
			5	14.2	356
			7	15.2	435
			10	18.6	604
			14	20.0	705
			19	21.9	949
			24	25.3	1103
			30	26.7	1398
			37	28.9	1668
4	1/2.23	2.23	4	15.3	433
			5	16.6	505
			7	17.8	612
			10	22.1	788
			14	23.8	1082

注:标称截面 6mm² 见附录七-2-6 内③。

附录七-2-5　电缆参考外径及重量

ZRC－KVVP			ZRA－KVVP		0.6/1kV
标称截面	导体		电缆芯数	电缆计算外径	电缆近似重量
(mm^2)	结构(根数/mm)	导体直径(mm)		(mm)	(kg/km)
0.75	7/0.37	1.11	4	11.7	206
			5	12.5	235
			7	13.3	275
			10	16.0	372
			14	17.1	445
			19	18.7	549
			24	21.4	685
			30	22.5	792
			37	24.1	930
1	7/0.44	1.32	4	12.2	224
			5	13.0	263
			7	13.9	312
			10	16.8	326
			14	18.0	514
			19	19.7	646
			24	22.7	792
			30	23.9	920
			37	25.6	1086
1.5	7/0.53	1.59	4	12.8	261
			5	13.7	304
			7	14.7	364
			10	17.9	500
			14	19.2	612
			19	21.1	769
			24	24.4	956
			30	25.6	1120
			37	27.5	1329
2.5	7/0.67	2.01	4	13.8	327
			5	14.9	385
			7	16.0	471
			10	19.6	656
			14	21.1	817
			19	23.2	1041
			24	26.8	1301
			30	28.3	1540
			37	30.6	1841
4	7/0.85	2.55	4	16.1	439
			5	17.4	526
			7	18.8	652
			10	23.3	916
			14	25.2	1145

注:标称截面 $6mm^2$ 见附录七-2-6内④。

附录七-2-6　电缆参考外径及重量

ZRC－KVV			ZRA－KVV		0.6/1kV
标称截面	导体		电缆芯数	电缆计算外径	电缆近似重量
(mm^2)	结构（根数/mm）	导体直径（mm）		（mm）	（kg/km）
① 6	1/2.73	2.73	4	16.3	493
			5	17.6	588
			7	19.0	726
			10	23.8	1023
			14	25.7	1335
② 6	7/1.04	3.12	4	17.2	521
			5	18.7	625
			7	20.2	763
			10	25.3	1092
			14	27.4	1405

ZRC－KVVP			ZRA－KVVP		0.6/1kV
标称截面	导体		电缆芯数	电缆计算外径	电缆近似重量
(mm^2)	结构（根数/mm）	导体直径（mm）		（mm）	（kg/km）
③ 6	1/2.73	2.73	4	16.6	543
			5	17.9	643
			7	19.3	787
			10	24.1	1036
			14	26.0	1423
④ 6	7/1.04	3.12	4	17.5	569
			5	19.0	678
			7	20.5	821
			10	25.6	1167
			14	27.7	1488

注：表内的“○”号分别为附录七-2-2至附录七-2-5表“注”的编号。

附录七-2-7　电缆参考外径及重量

ZRC－KVV			ZRA－KVV		450/750V
标称截面	导体		电缆芯数	电缆计算外径	电缆近似重量
(mm²)	结构(根数/mm)	导体直径(mm)		(mm)	(kg/km)
0.75	1/0.97	0.97	4	8.1	86
			5	8.7	103
			7	9.5	126
			10	11.5	178
			14	13.3	223
			19	14.3	307
			24	16.5	385
			30	17.5	453
			37	19.0	569
1	1/1.13	1.13	4	8.5	100
			5	9.1	120
			7	10.0	149
			10	12.8	211
			14	13.8	287
			19	15.3	367
			24	17.5	460
			30	19.0	574
			37	20.0	684
1.5	1/1.38	1.38	4	9.6	133
			5	10.5	161
			7	11.3	203
			10	14.8	310
			14	16.0	393
			19	17.5	507
			24	20.5	668
			30	21.5	793
			37	23.3	951
2.5	1/1.78	1.78	4	11.0	187
			5	12.8	229
			7	13.8	312
			10	17.8	444
			14	18.3	570
			19	20.5	773
			24	24.0	999
			30	25.5	1191
			37	27.3	1433
4	1/2.25	2.25	4	12.8	255
			5	13.8	333
			7	15.0	428
			10	19.3	641
			14	21.0	828

注：标称截面 6mm² 见附录七-2-10 内⑤。

附录七-2-8　电缆参考外径及重量

ZRC－KVV			ZRA－KVV		450/750V
标称截面	导体		电缆芯数	电缆计算外径（mm）	电缆近似重量（kg/km）
（mm^2）	结构（根数/mm）	导体直径（mm）			
0.75	7/0.37	1.11	4	8.5	92
			5	9.3	109
			7	9.9	135
			10	12.0	191
			14	13.5	259
			19	15.0	330
			24	17.3	413
			30	18.3	488
			37	20.0	611
1	7/0.44	1.32	4	8.9	110
			5	9.7	132
			7	10.4	165
			10	13.5	254
			14	14.5	318
			19	16.0	408
			24	18.5	540
			30	20.0	638
			37	21.5	761
1.5	7/0.53	1.59	4	10.3	142
			5	11.2	173
			7	12.0	217
			10	15.5	333
			14	16.8	421
			19	18.5	572
			24	22.0	718
			30	23.0	852
			37	24.8	1047
2.5	7/0.67	2.01	4	11.5	199
			5	13.0	244
			7	14.3	331
			10	17.8	474
			14	19.5	590
			19	22.0	822
			24	25.5	1063
			30	27.0	1266
			37	29.0	1523

附录七-2-9　电缆参考外径及重量

ZRC－KVVP			ZRA－KVVP		450/750V
标称截面	导体		电缆芯数	电缆计算外径	电缆近似重量
	结　构	导体直径			
(mm²)	(根数/mm)	(mm)		(mm)	(kg/km)
0.75	1/0.97	0.97	4	9.0	128
			5	9.8	147
			7	10.4	184
			10	13.0	235
			14	14.0	304
			19	15.3	376
			24	17.5	463
			30	18.5	536
			37	20.0	658
1	1/1.13	1.13	4	9.5	144
			5	10.0	166
			7	10.8	199
			10	13.8	271
			14	14.8	353
			19	16.0	440
			24	18.8	543
			30	19.8	662
			37	20.0	779
1.5	1/1.38	1.38	4	10.5	186
			5	11.3	213
			7	12.8	258
			10	15.5	378
			14	16.5	468
			19	18.3	590
			24	21.5	765
			30	22.5	895
			37	24.3	1060
2.5	1/1.76	1.76	4	12.5	243
			5	13.5	288
			7	14.5	377
			10	18.0	525
			14	19.5	685
			19	21.5	870
			24	24.8	1111
			30	26.3	1310
			37	28.3	1562
4	1/2.23	2.23	4	13.8	316
			5	14.8	399
			7	16.0	501
			10	20.0	733
			14	21.8	927

注:标称截面 6mm² 见附录七-2-10 内⑥。

附录七-2-10 电缆参考外径及重量

ZRC－KVV			ZRA－KVV		450/750V
标称截面（mm^2）	导体 结构（根数/mm）	导体 导体直径（mm）	电缆芯数	电缆计算外径（mm）	电缆近似重量（kg/km）
⑤ 6	1/2.73	2.73	4	13.8	361
			5	15.3	443
			7	16.5	577
			10	22.8	859
			14	23.0	1106

ZRC－KVVP			ZRA－KVVP		450/750V
标称截面（mm^2）	导体 结构（根数/mm）	导体 导体直径（mm）	电缆芯数	电缆计算外径（mm）	电缆近似重量（kg/km）
⑥ 6	1/2.73	2.73	4	14.8	428
			5	16.0	516
			7	17.5	655
			10	22.0	958

注：表内的“○”号分别为附录七－2－7和七－2－9表“注”的编号。

附录七-2-11　电缆参考外径及重量

ZRC－KVV_{22}			ZRA－KVV_{22}		450/750V
标称截面	导体		电缆芯数	电缆计算外径	电缆近似重量
(mm^2)	结　构 (根数/mm)	导体直径 (mm)		(mm)	(kg/km)
0.75	1/0.97	0.97	19	17.8	559
			24	20.3	703
			30	21.3	788
			37	22.8	899
1.0	1/1.13	1.13	19	19.3	661
			24	21.3	796
			30	22.3	900
			37	23.8	1057
1.5	1/1.38	1.38	19	21.3	852
			24	24.0	1059
			30	25.3	1205
			37	27.0	1392
2.5	1/1.76	1.76	19	24.3	1156
			24	27.5	1417
			30	29.0	1633
			37	32.5	1909
4	1/2.23	2.23	4	16.3	498
			5	17.3	577
			7	18.5	719
			10	22.8	974
			14	24.3	1212
6	1/2.73	2.73	4	17.3	606
			5	19.3	737
			7	20.3	895
			10	24.8	1250

附录七-2-12　电缆参考外径及重量

ZRC－KVV_{32}			ZRA－KVV_{32}		450/750V
标称截面（mm^2）	导体		电缆芯数	电缆计算外径（mm）	电缆近似重量（kg/km）
	结　构（根数/mm）	导体直径（mm）			
0.75	1/0.97	0.97	19	19.3	893
			24	23.0	1220
			30	24.0	1344
			37	25.3	1492
1	1/1.13	1.13	19	20.5	991
			24	24.0	1352
			30	25.0	1496
			37	26.3	1665
1.5	1/1.38	1.38	19	24.0	1398
			24	26.8	1651
			30	27.8	1834
			37	30.3	2053
2.5	1/1.76	1.76	19	26.8	1758
			24	30.8	2074
			30	32.0	2381
			37	35.5	2743
4	1/2.23	2.23	4	17.8	773
			5	18.8	900
			7	20.3	1051
			10	25.3	1566
			14	26.8	1838
6	1/2.73	2.73	4	18.8	945
			5	20.5	1067
			7	21.8	1387
			10	27.3	1871

附录八

载波通信

单位:台

材料名称	单位	35kV		110kV		220kV		330kV	
		第一台	连续一台	第一台	连续一台	第一台	连续一台	第一台	连续一台
钢板	kg	2.5	2.5	2.5	2.5	2.5	2.5		
角钢	kg	5.2	5.2	5.2	5.2	5.2	5.2		
型钢	kg	3.0	3.0	3.0	3.0	3.0	3.0	27	27
镀锌扁钢	kg	13.9	12.4	16.6	15.1	20.6	19.1	29.1	24.1
镀锌钢管	kg	5.1	5.1	6.6	6.6	8.1	8.1	33.1	33.1
垫铁	kg	0.9	0.7	0.9	0.7	0.9	0.7	3.2	3.2
直角挂板 Z-12	只	2.0	2.0	2.0	2.0	2.0	2.0	2.0	2.0
球头挂环 Q-6	个	1.5	1.5	1.5	1.5	1.5	1.5	1.5	1.5
碗头挂环 W-6	个	1.5	1.5	1.5	1.5	1.5	1.5	1.5	1.5
U型环 U-16	个	0.5	0.5	0.5	0.5	0.5	0.5	0.5	0.5
橡胶布	kg					5.2		5.2	

附录九

生产调度通信

单位:台

材料名称	单位	总机容量(门)		
		20	40	70
角钢	kg		10.2	10.2
分线箱 10 对	个	2.0	2.0	2.0
分线箱 20 对	个	2.0	2.0	2.0
分线箱 30 对	个	1.0	2.0	2.0
话机出线盒	个	20	40	70
分线设备背板	块	4.0	4.0	7.0

附录十

生产管理通信

单位:台

材料名称	单位	程控交换机容量(门)				
		90	200	400	600	800
角钢	kg	20.4	20.4	25.5	30.6	34.6
背板 U 形抱箍	付	12.1	24.2	68.7	68.7	127
分线箱 20 对	个	2.0	5.0	16	20	30
分线箱 30 对	个	2.0	4.0	10	14	20
分线箱 100 对	个	2.0	3.0	8.0	10	13
话机出线盒	个	90	200	400	600	800
分线设备背板	块	6.1	12.1	34.3	34.3	63.6
横担	条	6.0	12.0	34.1	34.1	63.1
地线夹板	付	12.1	24.2	68.7	68.7	127
地线棒	根	12.1	24.2	68.7	68.7	127
四钉桌形卡胶盒	套				36.4	44.4
电力线卡簧	只				40.4	48.4
电力线、信号线支架	套				20.2	24.2